はじめての
「M5StickC」
エムファイブ

はじめに

　「M5StickC」はM5Stack社（中国 深圳）が開発した小型マイコンです。

　価格は2000円〜3000円前後で、安価なうえ、液晶画面やさまざまなセンサを搭載しているなど、本体機能も充実。
　機能を拡張するためのモジュールなども豊富に販売されているため、登場からしばらく経った今も、人気を誇っています。
＊
　ただ、プログラミング環境の構築などが少々ややこしく、初めて使う人は戸惑いを覚えることもしばしばです。

　また、できることが多いだけに、「手を出してみたはいいが何をしていいか分からない」状況にもなることもあります。
＊
　そこで本書では、「M5StickC」の環境構築の仕方や、「M5StickC」の具体的な作例、「M5StickC」の動作に異常が生じた場合の対処法…といった、「M5StickC」を使う上で役に立つ情報をネット上のブログ記事から抜粋。
　各ブログの筆者の了解を得て収録したものです。
＊
　本書は「M5StickC」を楽しむための、強力な助けとなるでしょう。

I/O編集部

はじめての「M5StickC」

エムファイブ

CONTENTS

第1章

はじめての「M5StickC」

マイコンのなかでも有名な「M5StickC」ですが、いったいどのようなものなのでしょうか。

この第1章では「M5StickC」の概要と、それを使った環境構築の方法について解説します。

1-1　「M5StickC」からはじめる電子工作

筆者	東京バード
サイト名	「ぶらり@web走り書き!」
URL	https://burariweb.info/

　最近巷で流行っている電子工作ですが、「回路設計やプログラムが難しそう」などのイメージから、手を出すにはなかなか敷居が高いような雰囲気があります。

　私もその一人だったのですが、最近では「Arduino」や「M5Stack」などの「マイコンボード」の登場で、比較的簡単に電子工作を楽しむことができるようになりました。

　今回、非常にメジャーな小型端末、「M5StickC」を使いはじめたので、ご紹介したいと思います。

＊

　「M5StickC」はマイクロコントローラとして「ESP32-PICO」を搭載した、「4.8×2.4×1.4cm」と非常に小型な端末です。

　80×160ピクセル (0.96インチ) の「カラー液晶画面」を搭載。

　「6軸加速度 (ジャイロセンサー)」「マイク」「LED」「ネットワーク機能 (Wi-Fi/Bluetooth)」、「赤外線送信機 (IR)」、3つの「物理ボタン」「バッテリ」が内蔵されたマイコン端末となります。

＊

　PCを使ってプログラム (ファームウェアなども含め) を書き込めば、端末単体で動かすこともできます。

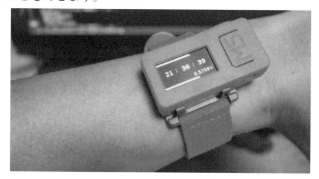

図1-1-1　M5StickC

また、「HAT」とか「GROVE」と呼ばれる、「センサ」などのハードウェアを組み込んだモジュールを組み合わせることで機能の拡張もできる、なんとも楽しい端末です。

図1-1-2　機能拡張用のモジュール

こんな機能が付いたマイコンボードが学生時代にあったら便利だったのに…と思ってしまいますが、これだけの機能が付いて2,000円ほどで買えるなんてさらに驚きの製品です。

*

プログラムには、「**Arduino IDE**」や「**UIFlow**」が使えます。

「Arduino」(ワンボードのマイコン) を使ったことがある方ならお分かりだと思いますが、Arduinoボードに「ジャイロ」や「ネットワーク機能」「液晶画面」が搭載された端末と言えば、イメージが掴みやすいかと思います。

また、「電子工作やプログラミングなんてまったくやったことがない!」という方でも大丈夫。
「UIFlow」と呼ばれる、M5Stack社が開発した素晴らしい開発環境が用意されています。

用意された各種機能が付いた「ブロック」をPC上でドラッグ&ドロップで配置してプログラムしていくことも可能なので、まったくプログラミング初心者の方でもある程度のことなら直感的に動かせます。

■M5StickC

　M5Stack 社が開発販売する、非常に小型なスティック型の端末です。

　「M5Stick シリーズ」の端末には今回紹介する「M5StickC」のほか、「M5Stick」
や「M5StickV」などが販売されているようですが、いちばんメジャー（一般的な？）
端末は、この「M5StickC」だと思います。

　「バッテリ容量」や液晶画面の解像度がアップして、スピーカーも内蔵された
「M5StickC Plus」も販売されているようです。

■付属品

　それでは「M5StickC」のパッケージ内容を見ていきましょう。

＊

　今回は「腕時計マウンタ」や「LEGO互換マウンタ」などが付属したこちらの
モデルを選択しました。

図1-1-3　M5StickC ESP32 PICO「ミニIoT開発ボード」（アクセサリー付き）

「M5StickC本体」の他に、「腕時計マウンタ」「ネジ固定用マウンタ」「LEGO 互換マウンタ」「USB Type-Cケーブル」が付属しています。

> ※筆者のところにはオレンジ色のバンドが届きましたが、「バンド」と「マウンタ」 の色は入荷時期によって異なるようです。

*

双方向でのやり取り(片方を「コントローラ」として使うなど)もやってみたかったので、「M5StickC」をもう一つ追加購入。

2つ目なので「M5StickC」端末本体のみの(「USB Type-Cケーブル」は付属)、こちらのモデルを選びました。

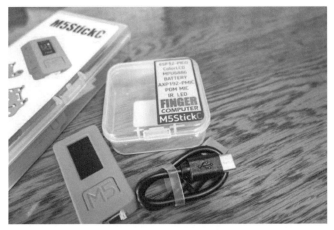

図1-1-4　本体とケーブルのみのモデル

本当に安いのに機能が豊富なので、これから電子工作を始めてみようと考えている方にはうってつけの端末でしょう。

■製品外観

「端末」本体の「サイズ」は「4.8×2.4×1.4cm」、「重量」は約15gと非常に小型 &軽量で、指先にも乗るサイズとなっています。

画面解像度が「80×180ピクセル」(0.96インチ)の「カラー液晶画面」が搭載されているので、「端末」単体で「動作チェック」したりプログラムを走らせたりできます。

＊

物理スイッチが3つ搭載されています。

　向かって左側に「電源スイッチ」があり、「短押し」で起動、6秒の「長押し」で
OFFとなります。

図1-1-5　左側面に「電源スイッチ」

　そして中央に「ボタンA」（「M5」と書かれています）、右側に「ボタンB」が配
置されています。

図1-1-6　中央に「ボタンA」、右側面に「ボタンB」

「ボタンA」および「ボタンB」は、プログラムで機能を割り当てることが可能です。

「ボタンA」の下には「マイク」も内蔵されています。

＊

上部には「LED」と「赤外線送信機」(IR)が内蔵。

8ピン端子もあり、「HAT」と呼ばれる「M5StickC専用のセンサ」などが組み込まれたモジュールを差し込むことで、機能を拡張できます。

図1-1-7　LED、赤外線送信機(IR)、8ピン端子

図1-1-8　HAT

　もちろん「ジャンパーワイヤ」を使って「センサ」や「スイッチ」などをつないだり、「サーボ」を動かすこともできます。

図 1-1-9　HAT以外の機器をつなぐこともできる

　そして本体下部には、「USB Type-C端子」(充電およびPCとのデータ転送用)と、「GROVE」と呼ばれる「拡張モジュール」を組み込むための「GROVEポート」(4ピン)があります。

図 1-1-10　「USB Type-C端子」と「GROVEポート」

図1-1-11 「GROVEポート」に接続している様子

　本体裏面には、「GPIO」(汎用I/Oポート) などの各ポートがラベルされてい
ます。

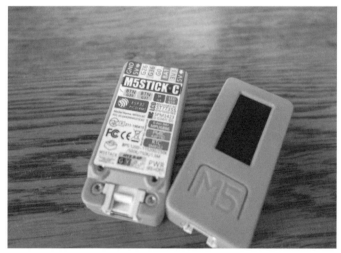

図1-1-12 本体裏面のラベル

M5StickC の特徴

- 80 × 160 ピクセル (0.96 インチ) の「カラー液晶画面」搭載
- 6 軸加速度ジャイロセンサ搭載
- マイク & LED 搭載
- ネットワーク機能 (Wi-Fi/Bluetooth) 搭載
- 赤外線送信機 (IR)
- 3 つの物理ボタン、Lipo バッテリ (80mAh) 内蔵

■M5StickC製品仕様

M5StickC 製品仕様

- 5 V DC 電源
- 0.96 インチ 80 × 160 TFT
- USB Type-C
- ESP32 ベース
- 4 MB フラッシュ + 520 K RAM
- 6 軸 IMU (SH200Q or MPU6886)
- 赤色 LED
- IR トランスミッタ
- マイクロフォン
- 2 ボタン、1 リセット
- 2.4 G アンテナ：Proant 440
- 80mAh LiPo バッテリ
- 拡張可能なソケット
- Grove ポート
- ウェアラブル & ウォールマウント
- 開発プラットフォーム：UIFlow、MicroPython、Arduino

「ESP32-PICO」の特徴

- 240 MHz デュアルコア Tensilica LX6 マイクロコントローラ (600 DMIPS 内蔵)
- 統合型 520 kB SRAM
- 統合型 802.11b / g / n HT40 Wi-Fi トランシーバー、ベースバンド、スタック、LWIP

・統合デュアルモードBluetooth (ClassicおよびBLE)
・ホールセンサ
・静電容量式タッチインターフェイス
・32 kHz水晶発振器
・すべてのGPIOピンでPWM／タイマ、入出力が可能
・SDIO マスター／スレーブ 50 MHz
・SDカードインターフェイスをサポート

■どこで購入できるか

　購入場所としては、「スイッチサイエンス」のオンラインストアや「Amazon」、海外通販サイトの「Banggood」があります。

　「M5StickC」は海外の「M5Stack社」の製品です。
　「M5Stack社の直販サイト」や、ドローン製品でもおなじみの「Banggood」でも取り扱いされていますが、海外サイトなので到着まで2～3週間ほどかかります。

　日本での代理店である「スイッチサイエンス」のオンラインストアや、一部の商品はAmazonにあるスイッチサイエンスのウェブショップでも販売されているので、こちらから購入したほうがいいでしょう。

　「HAT」や「GROVE」と呼ばれる、「M5StickC」に取り付けて機能を拡張するモジュールなどの関連製品が多数販売されていますが、スイッチサイエンスのショップで販売されていないものは基本的に国内には流通していないようです。

　そのような製品は「M5Stack直販サイト」での購入になると思いますが、「Bluetooth」や「Wi-Fi」など電波を発する製品の日本国内での使用には「技適」の取得が必須となります。
　このあたりに少し注意が必要ですが、「スイッチサイエンス」やAmazon上の「スイッチサイエンスオンラインストア」で購入するといいでしょう。

　また、「Banggood」では「M5StackC」関連製品以外にも「M5StickC」で使える「センサ」や「モジュール」「DIYキット」、「Arduino関連製品」など、非常に多く

の製品が、安く販売されています。

「Arduino NANO」や「UNO」、スターターキットなども格安で販売されているので覗いてみる価値はあるでしょう。

他にも「秋月電子通商」や「せんごくネット通販」などでも購入できるようです。

このあたり、電子工作をやっている方には馴染みのあるショップだと思います。

■「M5StickC」はどんなことができるのか

「M5StickC」を使ってどんなことができるか、少し見ていきましょう。

「M5StickC」では、「Arduino IDE」や「UIFlow」を使ってプログラムできます。

ここでは、直感的に使える「UIFlow」で簡単なプログラムを組んで動かしてみました。

*

まずは電子工作の基礎となる「Lチカ」(LEDをチカチカ点灯させる)をやってみたいと思います。

*

実回路を組んでLEDを点灯や点滅させる方法はいくつかありますが、今回はこんな回路(**写真左**)を組んでLEDを点滅させてみました。

図1-1-13　「M5StickC」でLチカ
(動画：https://www.instagram.com/p/CDhYqIOHuMp/?utm_source=ig_embed&utm_campaign=embed_video_watch_again)

　トランジスタやコンデンサを使った「無安定マルチバイブレータ」と呼ばれる回路です。

　「抵抗R」と「コンデンサC」の値によってLEDの点灯や消灯時間を計算しなければなりませんが…。
　ここで、「やっぱり取っ付きにくい！電子工作ってやっぱり難しい！」と思う方も多いのではないでしょうか。

　でも大丈夫です。

　「M5StickC」はマイコンが内蔵された端末なので、簡単なプログラムで同様のことができてしまいます。(**写真右**では「M5StickC」で同じ動作を再現)

＊

　「UIFlow」を使ってのプログラムはこんな感じです。
　【Setup】の下に【LED ON】というブロックをつなぐだけでLEDが点灯します。

図1-1-14　ブロックをつなぐだけでLEDが点灯

　さらにLEDを点滅させたい場合は、【ずっと】ブロック(繰り返す)を使い、【タイマー】ブロックで点灯時間を指定して、同様に【LED OFF】ブロックを使えば簡単にLEDを点滅させられます。

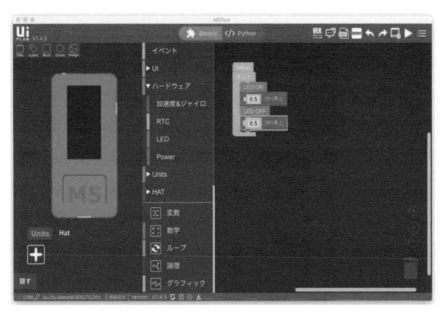

図1-1-15 ブロックをつなげるだけでLEDが点灯

　今回は「M5StickC」内蔵のLEDを点滅させてテストしましたが、もちろんLEDを別途用意すれば(あと「抵抗」も必要)そちらを点滅させることもできます。

　また、「ジャイロセンサ」を搭載しているので、傾きを検知して画面内で球を動かしたり、少し応用して「I/Oポート」(GPIOと呼ばれる入出力で使える汎用ポート)でサーボを制御したりすることも簡単です。

＊

　この時点で「何かロボット的な楽しいことができそう！」とイメージできた方には、私が今感じている楽しさが少し伝わったことでしょう。

＊

　そして、こんな「アナログ・ジョイスティック」を使って"カタカタ"動いているロボットが想像できると思います。
　何か楽しそうですよね。

＊

　このように、「M5StickC」には市販されている「センサ」や「スイッチ」などを組み合わせることができ、さらにM5StickC用に作られた「HAT」や「GROVE」

といった「モジュール」を使って拡張してやることも可能です。

　センサを使って距離を測ったり、障害物を検知したり、サーボを動かしたり…アイデア次第でいろいろと楽しめます。

＊

　また、「M5StickC」を接続して動かせるキットも販売されています。

図1-1-16　アイデア次第でどこまでも楽しめる

＊

　モノづくりや機械いじりが好きな方にはもってこいの製品で、また小さいお子様の教育商材にもいいでしょう。

　親子で電子工作というのも楽しそうですね。

1-2 「UIFlow」の開発環境を整備する

筆者	東京バード
サイト名	「ぶらり@web走り書き!」
URL	https://burariweb.info/

前節で、「M5StickC」でどんなことができるかなどを簡単に紹介しました。

今節では、プログラムを組み「M5StickC」で実際に動作させるための「開発環境の整備」をやっていきます。

*

「M5StickC」の開発環境には「Arduino-IDE」や「UIFlow」そして「ESP-IDE」が使えるのですが、まずはその使用環境に対応した「**PCソフトのインストール**」や「**ファームウェアの書き換え作業**」が必要です。

この作業は、はじめてだとつまずく方もけっこう多いと思いますので、詳しく紹介していきます(私も何度もやり直しました)。

*

今回は「M5StickC」でいちばん使う頻度が高いと思われる、「ブロック・プログラミング」を使ったプログラム方法、いわゆる「UIFlow」が使える状態にしていきたいと思います。

*

この「UIFlow」とは、機能が割り当てられたブロックをドラック&ドロップで並べていくプログラム方法です。

初心者の方でも直感的に扱えるので、敷居はかなり低いプログラム方法となります。

このプログラム方法が使えるのが「M5StickC」の大きな魅力の一つでもあり、小さなお子様でも扱えるので教育学習にも適しています。

■「M5StickC」の開発環境

「M5StickC」にはどんな開発環境（プログラム方法）があるのか、簡単に紹介します。

●UIFlow（ブロック・プログラミング）

まずは、「M5StickC」でいちばん使う頻度が高いと思われる「UIFlow」と呼ばれるものです。

*

「UIFlow」は「M5Stack社」が開発した開発環境で、図のように機能が割り当てられたブロックを組み合わせていくことでプログラムしていきます。

直感的に行なえるため、プログラム初心者の方でも比較的簡単で理解しやすいプログラム環境です。

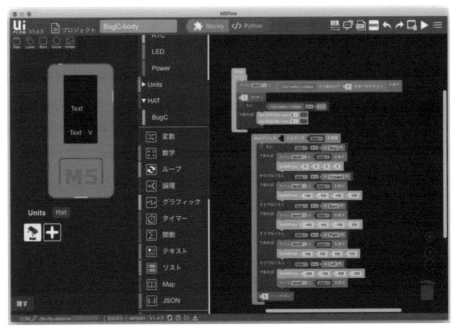

図 1-2-1　UIFlow

● Arduino

次に「Arduino IDE」です。

すでにArduinoを扱っている方や電子工作をある程度やっている方にとっては、こちらのほうが一般的なプログラム方法でしょうか。

Arduinoは「C++言語」をベースにした開発環境ですが、プログラム言語が必要なので上記「UIFlow」より敷居は高くなります。

しかし、さらに高度なことができるようになります（私は勉強中です）。

```
BUGC | Arduino 1.8.10

BUGC    bugC.cpp    bugC.h

1   #include "M5StickC.h"
2   #include "bugC.h"
3
4   void setup()
5 □ {
6       M5.begin();
7       Wire.begin(0, 26, 400000);
8       M5.Lcd.setTextColor(TFT_GREEN);
9       M5.Lcd.setRotation(1);
10      M5.Lcd.drawCentreString("BUGC example", 80, 30, 2);
11      // if add battery, need increase charge current
12      M5.Axp.SetChargeCurrent(CURRENT_360MA);
13  }
14
15  void loop()
16 □ {
17      M5.update();
18
19      if(M5.BtnA.wasPressed())
20 □    {
21          BugCSetColor(0x100000, 0x001000);
22          BugCSetAllSpeed(-100, 100, -100, 100);
23      }
24
25      if(M5.BtnB.wasPressed())
26 □    {
27          BugCSetColor(0x000000, 0x000000);
28          BugCSetAllSpeed(0, 0, 0, 0);
29      }
30
31      delay(10);
```

図1-2-2　Arduino IDE

＊

また、「ESP-IDE」での開発も可能なようですが、いろいろと紹介すると分かりづらくなるので、割愛します。

「UIFlow」と「Arduino IDE」の開発環境の違いは？

「M5StickC」を使ってのプログラム環境は、「UIFlow」と「Arduino IDE」がメインです。

今回は「UIFlow」での環境を整えていきますが、理解しやすいように両者の違いを少し説明しておきます。

*

「UIFlow」はブロックを組み合わせていくことでプログラムする開発環境で、初心者の方にも分かりやすく、直感的に行なえます。

初回のみ、事前に「UIFlow」で動作させるための「ファームウェア」を、「M5StickC」本体に書き込んでおく必要があります（今回やろうとしている作業です）。

ファームウェアを事前に書き込んでいるので、あとは組んだブロック情報のみを転送して動作させることができるため、プレビュー（動作確認）などが非常に速く行なえます。

はじめてだと何度もブロック（プログラム）を組み直して動作確認すると思いますが、その際の動作が非常に速く、これが「UIFlow」を使うメリットの一つでもあります。

*

それに対して、（今節では割愛しますが、）「Arduino IDE」では、「ファームウェア」と「プログラム」をコンパイルして、「M5StickC」にゴッソリ書き込む形式となります。

そのため、ちょっとした短いプログラムでも動作確認をするには時間がかかります。

*

少し前置きが長くなってしまいましたが、それでは「M5StickC」で「UIFlow」を使えるようにしていきましょう。

■「UIFlow」には「デスクトップ版」と「ブラウザ版」がある

「UIFlow」には、「デスクトップ版」と「ブラウザ版」があります。
いきなりですが、少しややこしいですね。

基本的には、どちらを使っても機能的にはまったく同じなので、使う環境に応じて使い分けるといいと思います。

●デスクトップ版「UIFlow」

簡単に説明すると、"PCにUIFlow用のアプリ（ソフト）をインストールし、「M5StickC」と「PC」を「USB接続」して書き込む"のが、デスクトップ版「UIFlow」です。

プログラムを書き込むには「M5StickC」本体を、毎回、PCとUSB接続する必要がありますが、「Wi-Fi環境を必要としない」というメリットがあります。

しかし、次にご紹介するブラウザ版「UIFlow」と比べるとファームウェアのアップデートが少し遅いため、どうしても最新のファームウェアのものを使いたいという場合には不向きとなります。

●ブラウザ版「UIFlow」

それに対してブラウザ版「UIFlow」では、Wi-Fi環境があればPCに事前にアプリをインストールしておく必要がなく、ブラウザベースで開発（プログラムの作成）ができます。

タブレット端末などWi-Fi環境さえあれば、あとはブラウザから使えます。
また、「M5StickC」本体もPCとの接続が必要ありません。
Wi-Fiアクセスポイント経由でデータのやり取りを行ないます。

自身の環境に合った方法を選択すればいいのですが、両方使えたほうが何かと便利だと思います。

簡単にまとめてみると、こんな感じです。

表1-2-1　「デスクトップ版」と「ブラウザ版」の違い

	デスクトップ版	ブラウザ版
Wi-Fi環境	不要	必要
プログラムの書き込み方法	USB経由	Wi-Fi経由
対応OS	Mac / Windows / Linux	
ファームウェアのバージョン	少し古い	最新

■デスクトップ版「UIFlow」の設定方法

　まずは、デスクトップ版「UIFlow」の設定をしていきます。

＊

　必要ない方は次項のブラウザ版「UIFlow」の設定方法まで飛ばしてください。

＊

　デスクトップ版「UIFlow」を使うには、以下のサイトからPCアプリ
(UIFlow-Desktop-IDE) をダウンロードして、PCにインストールする必要が
あります。

ソフトウェアダウンロード
https://shop.m5stack.com/pages/download

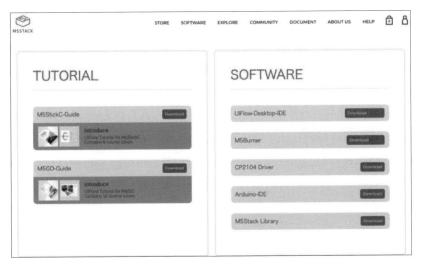

図1-2-3　ダウンロード画面

「Windows / Mac / Linux」に対応しています。

図1-2-4　対応OSはWindows / Mac / Linux

＊

ここでは「Mac版」で紹介していきますが、他のOS版では「シリアルポートの表記」や「必要なドライバ」などが変わってくると思います。

手　順　デスクトップ版「UIFlow」の設定

[1] ダウンロード＆インストール完了後、初回起動時に【設定】画面が開きます。

　あとでも設定しますが、【言語】に「日本語」を選択し、【Device】に「Stick-C」を選択して進めていきましょう。

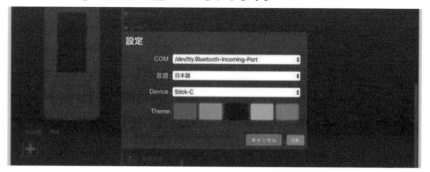

図1-2-5　【言語】に「日本語」、【Device】に「Stick-C」を選択

[2] アプリのバージョンを確認します。

現在最新のアプリバージョンは、「V1.4.5」となっています（2020年8月時点）。

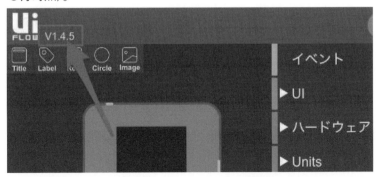

図1-2-6　アプリのバージョンを確認

この確認をしたのは、「UIFlow」では事前に「M5StickC」の本体内に「UIFlow」用のファームウェアを書き込んでおく必要がありますが（これからやろうとしていることです）、デスクトップ版「UIFlow」アプリを使う場合は、ファームウェアのバージョンを一致させておく必要があるからです。

バージョンが違う場合、後々こんな感じで「バージョンを変えろ」という警告が出ます。

図1-2-7　バージョンが異なると、警告が出る

[3] バージョンの確認ができたら、[メニュー] から [FirmwareBurner] を起動します。

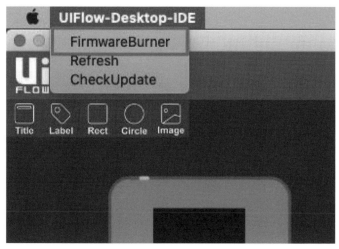

図1-2-8　[FirmwareBurner]を起動

[4] 左側の [STICKC] を選択し、「M5StickC」本体に書き込む「UIFlow」のファームウェアバージョンを選びます。

　最新ファームは「V1.6.2」となっていますが、デスクトップ版アプリを使う場合は先ほど確認したバージョンに合わせる必要があるので、ここでは「V1.4.5」を選択し、[Download] をクリック。

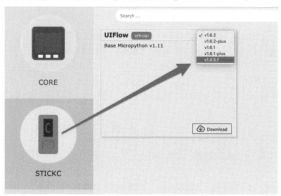

図1-2-9　アプリと同じバージョンのファームウェアを選択

[5] ダウンロードしたファームウェアを「M5StickC」本体に書き込みます。
「M5StickC」本体を「PC」と「USB」で接続します。

　[COM]の項目に[usbserial-○○○]が追加されるので、これを選択。
　あとは【Burn】をクリックすると、ファームウェアの書き込み作業が
開始されます。

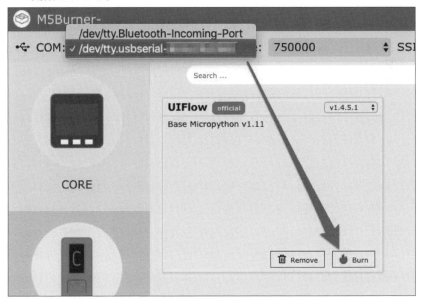

図1-2-10　【Burn】をクリック

　[Burn Successfully]と表示されたら、無事書き込み作業は成功で、
自動的に「M5StickC」が再起動します。

Tips　エラーが出た場合の対処法

ここでMacの場合、このようなエラーが出る場合があります。
私の場合、もう1台の「M5StickC」の設定時にも出ました。

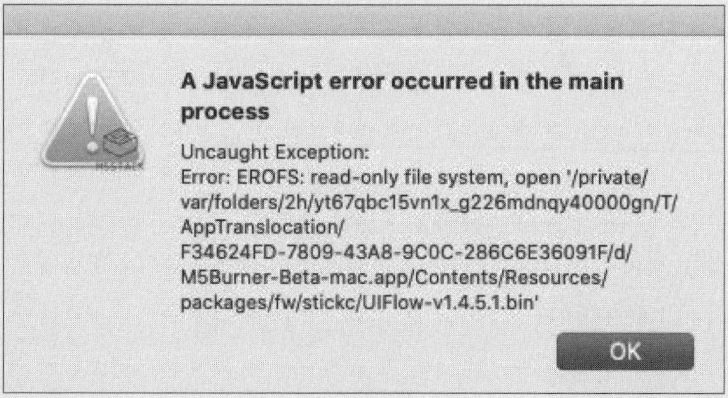

A JavaScript error occurred in the main process

Uncaught Exception:
Error: EROFS: read-only file system, open '/private/
var/folders/2h/yt67qbc15vn1x_g226mdnqy40000gn/T/
AppTranslocation/
F34624FD-7809-43A8-9C0C-286C6E36091F/d/
M5Burner-Beta-mac.app/Contents/Resources/
packages/fw/stickc/UIFlow-v1.4.5.1.bin'

OK

図1-2-11　エラー

これは「管理者権限」の話となります。
　このエラーが出たら「管理者権限」でPCにログイン後、以下のファイルをダ
ブルクリックしてください（分かる方はターミナルからコマンドを打ち込んで
も可能）。
　これで、この場合の問題は解決すると思います。

手順　エラーの対処

[1] Finderから[アプリケーション]⇒[UIFlow-Desktop-IDE]を選択。

[2] 右クリックメニューから[パッケージの場所を開く]⇒Contents⇒
MacOS⇒UIFlow-Desktop-IDEファイルをダブルクリック

　これで「M5StickC」本体内に「UIFlow」ファームウェアが書き込まれ、
「UIFlow」での開発環境が出来上がりました。

図1-2-12 「UIFlow」での「開発環境」の出来上がり

＊

一応、動作確認のために、LEDを点灯させてみましょう。

プログラム自体は、「LED点灯ブロック」を[Setup]の下につなげただけの簡単なものを作りました。

こんな感じです。

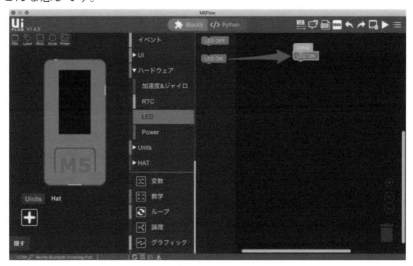

図1-2-13 LEDを点灯させるプログラム

これを「M5StickC」に転送して動作させてみますが、プログラムの転送には「M5StickC」を【USB Mode】にする必要があります。

■【USB Mode】で接続する

それでは、「M5StickC」を【USB Mode】にしてみましょう。

> 手 順　【USB Mode】にする

[1]「M5StickC」が起動している状態で、左の[電源ボタン]を押すと、「再起動」します。

[2]「再起動」中に中央の[ボタンA]（「M5」と書かれたボタン）を押すと、【メニュー画面】に入ることができます。

[3] それから[ボタンB]（右のボタン）を押して、【setup】まで行き、[ボタンA]で決定します。

> ※ファームウェアのバージョンにより、画面表示が多少異なります。

図1-2-14　【setup】を選んで決定

[4] ここから【USB Mode】を選択。

図1-2-15 【USB Mode】を選択

[5] 「APIKEY」とケーブルロゴが「M5StickC」の画面に表示されます。

これで【USB Mode】に設定され、USBケーブル経由での書き込みができる状態になりました。

図1-2-16 【USB Mode】になった

＊

先ほど作ったLEDが点灯する「テスト・プログラム」を転送して実行させてみます。

［設定］画面から、［COM］［言語］［Device］を設定。

 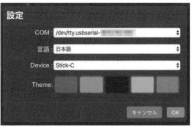

図1-2-17　[設定]を押して(左) [COM] [言語] [Device]を設定(右)

「Disconnected」(未接続)表示なら、[リロード]を押して「M5StickC」と接続します。

図1-2-18　[リロード] (枠内の矢印)を押して接続

接続できていれば、「接続済み」と表示されます。

図1-2-19　「接続済み」と表示される

　あとは三角のボタンを押すと、「M5StickC」にプログラムが転送されて、実行されます。

※これはプレビュー的なものなので、プログラム自体は端末にはまだ書き込まれていません！
　実際に書き込みたい場合は、［ダウンロード］をクリックすると「M5StickC」本体にプログラムが書き込まれ、起動時にこのプログラムが自動的に実行されます。

図1-2-20　「M5StickC」にプログラムが転送、実行

　問題がなければ「M5StickC」内蔵のLEDが点灯しています。
　これで完了です。

図1-2-21　LEDが点灯

■ブラウザ版「UIFlow」の設定方法

次に、「ブラウザ版」の「UIFlow」の設定方法です。

「ブラウザ版」では、最新のファームウェア (2020年8月時点でV1.6.2) が使えます。

基本的には、上記の「デスクトップ版」の「UIFlow」と同様に「M5StickC」本体にファームウェアを書き込む作業から入ります。

> ※すでにファームウェアを書き込んでいる場合は、必要ありません。

*

「ブラウザ版」の「UIFlow」では、Wi-Fiアクセスポイント経由でデータのやり取りができるため、「M5StickC」とPCとをUSB接続する必要はありません。

ただし、ファームウェアの書き込みの際には、接続する必要があります。

ファームウェアの書き換えには、「M5Burner」というソフトを使います。

以下のサイトからダウンロード＆インストールしてください。

> ソフトウェアダウンロード
> https://shop.m5stack.com/pages/download

図 1-2-22　「M5Burner」のダウンロード画面

この「M5Burner」というソフトは、先にご紹介した「デスクトップ版アプリ」
(UIFlow-Desktop-IDE)内にも同じソフトが組み込まれています。

よって、「デスクトップ版アプリ」をすでにインストール済みの方は、新たに
インストールする必要はなく、[FirmwareBurner]で起動可能です。

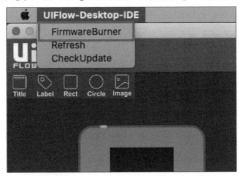

図1-2-23　デスクトップ版アプリを入れていれば、[FirmwareBurner]で起動できる

＊

ブラウザ版「UIFlow」しか使わない方は、この「M5Burner」をインストール
して「**M5StickC**」本体のファームウェアを更新する形となります。

ここからは「デスクトップ版」の「UIFlow」とほぼ同じ作業です。

＊

「M5Burner」を起動し、[STICKC]を選択。

「UIFlow」のファームウェアのバージョンを選択し、ダウンロードします。

ブラウザ版を使う場合は、最新のファームウェアを使うことができます
(2020.08時点で最新はV1.6.2)。

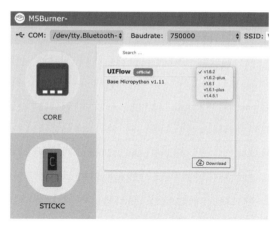

図1-2-24　「最新版」を選ぶ（図は2020.08時点の最新）

※ここで「Mac」の場合、このようなエラーが出る場合があります。

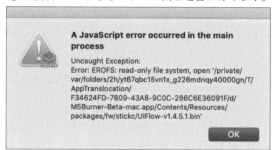

図1-2-25　エラー

　この「エラー」が出たら、「デスクトップ版」の「UIFlow」の設定手順で説明した
のと同じやり方で対処すれば解決します。

Tips ファームウェアのバージョン

　筆者は「デスクトップ版」と「ブラウザ版」の両方を使っているので、ファームウェアは「デスクトップ版」に合わせて古いバージョンのもの（V1.4.5）を使っています。

＊

　「ブラウザ版」のみを使う場合は最新のファームウェアを使えばいいのですが、「デスクトップ版」を使いたい場合は、バージョンを上げてしまうと「デスクトップ版」が使えなくなってしまうので、注意が必要です。

*
ダウンロードが完了したら、「M5StickC」をPCとUSB接続。

お使いのWi-Fi環境での【SSID】【Password】を入力し、[Burn]で「M5StickC」本体にファームウェアを書き込みます。

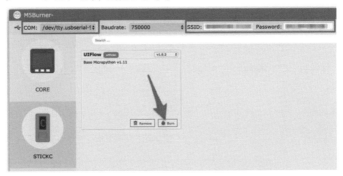

図1-2-26 「M5StickC」本体にファームウェアを書き込む

書き込みが完了したら、「M5StickC」が再起動し、「APIKEY」が表示されます。

このとき表示される「地球マーク」が「青」なら正常に接続されており、Wi-Fi経由でプログラムを転送できる状態です。

これでPCとUSB接続することなくプログラムを転送できます。

なお、「地球マーク」が「赤」なら"Wi-Fiに接続されているがインターネット回線に接続されていない状態"です。

図1-2-27 「地球マーク」が「青」なら接続は正常

> ※今回は「デスクトップ版」の「UIFlow」に合わせてバージョンは「V1.4.5」にして
> いますが、最新のバージョンでは、画面表示やUIなどが変更されています。

＊

「Wi-Fi接続」が無事完了したら、実際に「テスト・プログラム」を動かしてみ
ましょう。

「ブラウザ版」の「UIFlow」は、「Webブラウザ」から以下のURLにアクセスし
ます。

https://flow.m5stack.com/

起動するとバージョン選択画面が表示されました。
「M5StickC」本体に書き込んだファームウェアのバージョンに合わせて選択
してください。

図1-2-28　バージョン選択画面(2020.08時点)

あとは「デスクトップ版」の「UIFlow」とまったく同じ操作方法です。

[設定]から「M5StickC」に表示されている[APIKEY][言語][Device]を設定。

図1-2-29　[設定]を押して(左)[COM][言語][Device]を設定(右)

[Disconnected (未接続)]なら[リロード]を押して[接続済み]表示を確認。

図1-2-30 [リロード]を押して接続

*

「デスクトップ版」と同様に、簡単なブロックで動作を確認してみます。

「LED点灯ブロック」を配置して、[再生ボタン]を押してプログラムを転送します。

図1-2-31 「接続済み」と表示される

無事に「M5StickC」に転送されれば、本体LEDが点灯するはずです。

図1-2-32　本体LEDが点灯する

■「UIFlow」のポイント

　「M5StickC」で「UIFlow」を使うには、「**デスクトップ版**」の「UIFlow」と「**ブラウザ版**」の「UIFlow」の2つの方法があります。

＊

　操作方法やUIなどは同じです。

　よって、使えるファームウェアのバージョンや、Wi-Fiの有無により使い分ける形となります。

　自宅などWi-Fi環境がある場所では、「PC」と「ケーブル接続」が必要ない「ブラウザ版」の「UIFlow」のほうが使いやすいと思いますが、PCさえあればどこでも動作させられるのが「デスクトップ版」の「UIFlow」の強みです。

「UIFlow」のポイントのまとめ

・「デスクトップ版」「ブラウザ版」ともに、初回で「M5StickC」本体に「UIFlow」用のファームウェアを書き込む必要がある。
・その際に、「デスクトップ版」の「UIFlow」ではアプリのバージョンを確認し、それに対応した（同じバージョンの）ファームウェアを選択する必要がある。
・「ブラウザ版」の「UIFlow」では、書き込むファームウェアは最新のものが使える。
・「デスクトップ版」と「ブラウザ版」の両方を使う場合は、ファームウェアを「デスクトップ版」のほうに合わせておく必要がある。

＊

　「UIFlow」は、用意されたさまざまなブロックを組み合わせて直感的に比較

的簡単にプログラムを組むことができ、非常に素晴らしい環境です。

　ただ、初回のみ事前に「M5StickC」本体にファームウェアを書き込んでおく必要があります。

　そしてこの作業が初めてだと、少し戸惑う方が多いと思います。

　しかし、ファームウェアを事前に書き込んでいるので、作ったブロックプログラムの動作もサクサク確認でき、快適です。

　また、「M5StickC」は「Arduino IDE」でも動作させることができます。

　その際は、ゴッソリとファームウェアごと書き換える（上書きする）形となりますが、再度「UIFlowファームウェア」に書き換えると「UIFlow」としてまた使えるようになります。

　このように、「M5StickC」はいろんな環境で試せる、非常に優秀なデバイスなのです。

＊

　最後に、今回この作業をするにあたり、参考にさせていただいたサイトをご紹介します。

　「M5StickC」や「Arduino」に関する有益な記事を多数掲載されており、大変参考になりました。

■参考サイト

M5StickC で UIFlow 入門 その1 概要と環境構築
https://lang-ship.com/blog/work/m5stickc-uiflow-l01/

1-3 「Arduino IDE」で開発環境構築

筆者	西住　流
サイト名	「西住工房」
URL	https://algorithm.joho.info/

　「M5StickC」の開発環境を「Arduino IDE」で構築する方法について、入門者向けに紹介します。

■「Arduino IDE」のインストール　～各種設定～

　「M5Stick C」は、「カラーディスプレイ」「Wi-Fi」「Bluetooth」「microSD カードスロット」「バッテリ」などを備えた、コンパクトで便利なモジュールです。

　「Arduino」よりも最初からいろいろと搭載されていて、コンパクトな感じになっています。

　また、「ESP32」を搭載しているため、「Arduino環境」での開発も可能です。

*

　以下では、「M5Stick C」の開発環境を「Arduino IDE」で構築する手順を紹介します。

手　順　「Arduino IDE」で開発環境を構築する

[1]「Arduino IDE」をPCにインストールします(手順は後述)。

[2]「デバイスドライバ」を公式ページ (https://m5stack.com/pages/download) からダウンロードして、インストールします。
　お使いのPCの環境に適したものをクリックしてダウンロードしてください。

図1-3-1 環境に適した「ドライバ」をダウンロード

[3] ダウンロードしたZIPファイルを解凍します。

Windowsの場合、中にあるインストーラのうち、お使いのWindows のビット数に合わせて「ドライバ」をインストールします。

表1-3-1 「ドライバ」の種別と操作

種　別	操　作
32ビット版Windows	「CP210xVCPInstaller_x86_vx.x.x.x.exe」をダブルクリックしてインストール
64ビット版Windows	「CP210xVCPInstaller_x64_vx.x.x.x.exe」をダブルクリックしてインストール

図1-3-2 ビット数に合う「ドライバ」をインストール

[4] 「M5StickC」をPCにUSB接続します。

次に、「デバイス・マネージャ」を開き、「CP210x USB to UART Bridge」のポート番号を確認します。

画像の例では「COM7」です。

表示されない場合はパソコンを再起動します。

図1-3-3 「CP210x USB to UART Bridge」のポート番号を確認

[5]「Arduino IDE」を起動します。

次に、メニューから［ファイル］＞［環境設定］を選択します。

図1-3-4 ［ファイル］＞［環境設定］を選択

[6]追加のボードマネージャに、以下のURLを設定します（図中の番号の順に操作）。

https://dl.espressif.com/dl/package_esp32_index.json

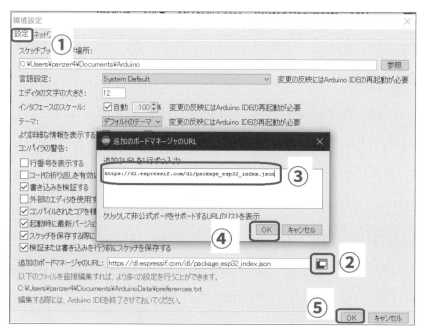

図1-3-5 追加のボードマネージャにURLを設定

[7] メニューから［ツール］＞［ボード:〜］＞［ボードマネージャ…］を
選択します。

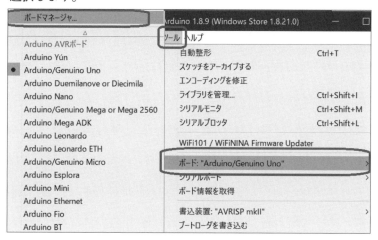

図1-3-6 ［ボードマネージャ…］を選択

[8] ダイアログで「ESP32」と検索し、[Install] をクリックします。

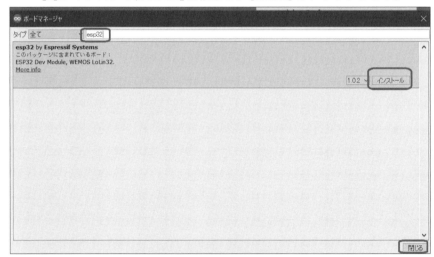

図1-3-7　[Install]をクリック

[9] メニューから [スケッチ] > [ライブラリのインクルード] > [ライブラリの管理…] を選択します。

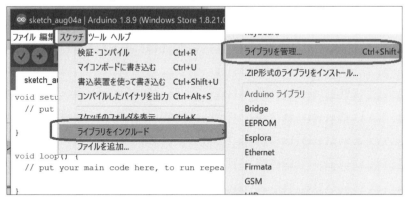

図1-3-8　[ライブラリの管理…]を選択

[10] ダイアログで「M5Stick」と検索し、「M5Stick C by M5Stick C」を
インストールします。

これで「環境構築」作業は完了です。

図1-3-9 「M5Stick C by M5Stick C」をインストール

■「サンプル・スケッチ」の実行

「M5StickC」の「サンプル・プログラム」(サンプル・スケッチ)を実行し、動
作を確認してみます。

手 順 「サンプル・スケッチ」を実行して動作確認

[1]「M5StickC」を「PC」に、USB接続します。

次に、「デバイス・マネージャ」を開き、「CP210x USB to UART
Bridge」のポート番号を確認します。

初期設定だと、USBに接続すると以下のサンプルが表示されました。

図1-3-10 サンプル表示

図1-3-11　「CP210x USB to UART Bridge」のポート番号を確認

[2] メニューから[ツール] ＞[ボード：〜] ＞ [M5Stick-C]を選択します。

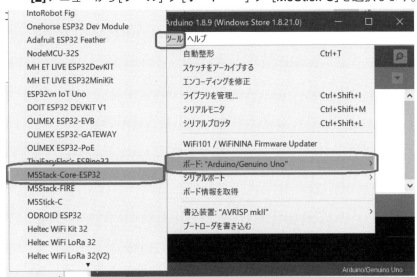

図1-3-12　[M5Stick-C]を選択

[3] メニューから［ツール］＞［シリアルポート］をクリックし、先ほど確認した「COMポート」を選択します（下画像は「COM7」だった場合の例）。

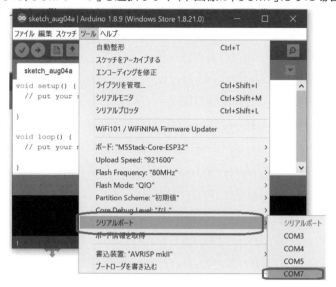

図1-3-13 「COMポート」を選択

[4] メニューから［ツール］をクリックし、表のように設定されていることを確認します。

表1-3-2 設定を確認

項　目	設　定
ボード	M5Stick-C
ボーレート（通信速度）	1500000
COMポート	[3]で確認したCOMポート

図1-3-14 設定を確認

[5]［ファイル］＞［スケッチ例］＞［M5Stick C］＞［Basics］＞［HelloWorld］を選択します。

図1-3-15　[HelloWorld]を選択

[6]［→］ボタンをクリックすると、コンパイルと「M5Stick」への書き込みが始まるので、終わるまで待ちます。

　書き込みが終わると、「M5StickC」のLCDに「Hello World!」と表示されます。

図1-3-16　「Hello World!」と表示される

1-4 「Arduino IDE」のインストール＆ダウンロード

筆者	西住 流
サイト名	「西住工房」
URL	https://algorithm.joho.info/

　前節で触れた、「Windows環境」に「**Arduino IDE**」をインストール＆ダウンロードする方法について解説します。

■「Arduino IDEアプリ」のインストール～Windows10編～

　「Windows10」の場合、「Arduino IDEアプリ」(Windowsアプリ版)を利用するのが便利です。

手 順　「Arduino IDEアプリ」をインストールする(「Windows10」の場合)

[1] 以下のリンクからArduino公式サイトのダウンロードページを開きます。

Arduino公式サイト
http://arduino.cc/en/Main/Software

[2] [Windows app Requires Win8.1 or 10]をクリックします。

図1-4-1　[Windows app Requires Win8.1 or 10]をクリック

[3] [JUST DOWNLOAD]をクリックします。

図1-4-2　[JUST DOWNLOAD]をクリック

[4] [入手]をクリックします。

図1-4-3　[入手]をクリック

[5] [Microsoft Store を開く] という確認ダイアログが表示されるのでクリックします。

図1-4-4　[Microsoft Storeを開く]をクリック

[6]「Microsoft Store アプリ」が開き、「Arduino IDE」のインストール画面が表示されるので［インストール］をクリックします。

図1-4-5　［インストール］をクリック

Tips 補足　インストールできない場合

これでインストールできない場合は、「Microsoft Store アプリ」からインストールします。

手　順　「Microsoft Store アプリ」からインストールする

[1] スタートメニューから「Microsoft Store アプリ」を開きます。

図1-4-6　「Microsoft Store アプリ」を開く

[2] 検索ダイアログで [arduino] と検索し、検索結果から [Arduino IDE] を選択します。

図1-4-7　検索結果から[Arduino IDE]を選択

[3] 「Arduino IDE」のインストール画面が表示されるので、[インストール]をクリックします。

図1-4-8　[インストール]をクリック

■「Arduino IDE」のインストール〜Mac OS X〜

「Mac OS X^{テン}」の場合の導入例を紹介します。

> **手 順** 「Arduino IDE」をインストールする（「Mac OS X」の場合）

[1] 以下のリンクから Arduino 公式サイトのダウンロードページを開きます。

Arduino 公式サイト

https://www.arduino.cc/en/main/software#

---

[2] ページ下にある [Mac OS X 10.10 or newer] をクリックします。

[3] [JUST DOWNLOAD] をクリックします。

　すると、ZIP ファイル（arduino-1.x.x-macosx.zip）をダウンロードできます。

[4] ダウンロードした ZIP ファイル（arduino–1.x.x-macosx.zip）を好きなフォルダに解凍、展開します。

　「arduino.app」をアプリケーションフォルダに移動したら、インストール完了です。

[5] あとは、アプリケーションフォルダ中にある「arduino.app」をクリックします。

図 1-4-9　「arduino.app」をクリック

第2章

「M5StickC」を使ってみる

エムファイブ

「環境構築」が終わったら、いよいよ「M5StickC」を使う
ことができます。
ここでは具体的な作例を見ながら、「M5StickC」の使い
方をつかんでいきましょう。

2-1 「M5StickC」で「サーボ」を動かしてみる

筆者	東京バード
サイト名	「ぶらり@web走り書き!」
URL	https://burariweb.info/

　この節では「M5StickC」を使ってサーボを動かします。

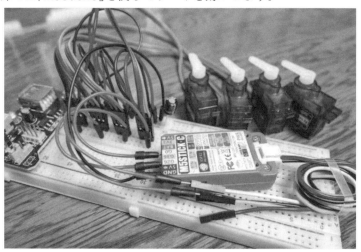

図2-1-1　「M5StickC」でサーボ制御

*

　「M5StickC」を使えばアイデア次第でいろんなことができそうですが、「まずは"動く"何かを作ってみたい」なんて思いませんか?

　そんなとき、「サーボ」を動かすことができれば、いろいろと幅が広がりそうです。

　「サーボ」を使って動かす「四脚ロボット」として、「PuppyC」というキットが販売されています。

　これは「M5StickC」を乗せて制御するキットです。

図2-1-2　PuppyC

　単純に「M5StickC」で4つのサーボを動かしているだけのロボットですが、サーボの制御法さえ分かれば、「UIFlow」でブロックを並べて、比較的簡単に同様なものを作れそうです。

■「M5StickC」を使って「サーボ」を動かす

　「サーボ」と一言で言っても、いろいろとあります。

　今回は、ラジコンなどでよく使われている、任意の角度に"ピタッ"と止めることができるタイプの「サーボ」を動かします。

■SG-90 マイクロサーボ

　「SG-90マイクロサーボ」という、非常にメジャーな（ホビーユースなどでよく使われている）「サーボ」を使います。
　「9g」ほどの、小型の「サーボ」です。

図2-1-3　SG-90マイクロサーボ

　「サーボ」には一般的に3本のケーブルが付いており、3本のケーブルは「赤色ケーブル（VCC:～5V）」「茶色ケーブル（GND）」「橙色ケーブル（信号線）」からなっています。

　「赤色ケーブル」と「茶色ケーブル」に「電源」をつなぎ、「橙色ケーブル」に「入力する信号」によって「サーボを動かす角度」を調整しているわけです。

図2-1-4　サーボには3本のケーブルが付いている

■「サーボHAT」用のブロックを使って動かしてみる

それでは少し「サーボ」を動かしてみましょう。

一般的に、「サーボ」を動かすには、「PWM」(Pulse Width Modulation)という方法を用いて、サーボの信号線に「特定の波形を入力」することで制御します。

何か難しそうですね。

「デジタル出力」(制御)でこのような「アナログ」的なことをやろうと思うと、少し工夫が必要です。

「PWM制御」によって「デューティ比」というものを計算して、サーボにその信号を送ってやることで任意の角度に動かせるのです。

*

ところで、「M5StickC」には「サーボHAT」(SERVO HAT)というものが販売されています。

「M5StickC」の頭にこのモジュールを取り付けると、「UIFlow」(ブロック・プログラミング)でも簡単にサーボを動かすことができます。

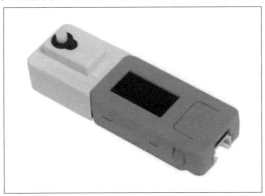

図2-1-5　SERVO HAT (https://docs.m5stack.com/en/hat/hat-servo)

この「サーボHAT」の回路図を見てみると、「G26」に信号線、あとは「5V出力」と「GND」を「M5StickC」本体につないでいるだけの簡単な回路となっています。

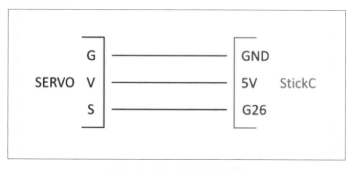

図2-1-6 「サーボHAT」の回路図

　ということは、「サーボ」1台だけなら、この「サーボHAT」を使わなくても、手持ちのサーボを「M5StickC」本体に直接つなげば、「サーボHAT」用のブロックで簡単に動かせるわけです（もちろん「Arduino」でも）。

手 順	「UIFlow」でサーボを動かす

[1] 「UIFlow」アプリを起動して画面左下から【Hat】を選択し、【+】をクリック。

図2-1-7 【+】をクリック

[2] 使える Hat 一覧が表示されるので、【SERVO】を選択して「OK」へ進みます。

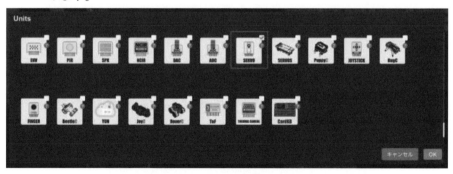

図2-1-8 【SERVO】を選択して「OK」

[3] すると、【HAT】の項目に【SERVO】ブロックが出現します。

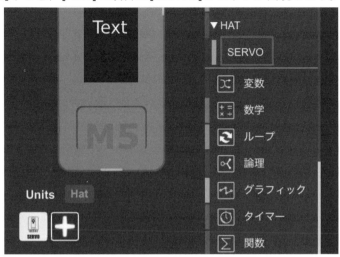

図2-1-9 【SERVO】ブロックが出現

このブロックを使えば、「G26」につないだサーボ限定ですが、簡単に動かせます。

図2-1-10 【SERVO】ブロックを使えば簡単にサーボを操作できる

配線はこんな感じ。

「G26」から信号を取り、あとは「5V出力」と「GND端子」に直接つないだだけの回路です。

図2-1-11　サーボと「M5StickC」の配線

　図のブロックでサーボの「可動角度」を指定してやれば、動かすことができます。

　「デューティ比」の計算などの面倒なものは必要ありません（もちろん「UIFlow」での話です）。

*

　こんな感じでサーボの動く角度（この図では90）を指定すれば、動きます。

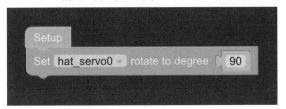

図2-1-12　「可動角度」を指定

　もし「UIFlow」でサーボを動かす場合、「G26」ポートにつないだ1台だけですが、これがいちばん簡単な方法だと思います。

■「PWN制御」でサーボを動かす

「サーボHAT」用のブロックを使ってサーボを動かすことができました。

そして、ここからが今節の本題です。

＊

「M5StickC」には「G26」以外にも「GPIO」と呼ばれる「汎用ポート」がまだ残っています（「G0」や「G32」「G33」）。

これを使えば、他のポートで動かしたり、複数台のサーボを同時に動かしたりすることも可能です。

図2-1-13　「M5StickC」には「G26」以外にも「汎用ポート」がある

＊

ここで一般的に「サーボ」の制御で使われている「PWM」という制御方法の話が出てきます。

「サーボの信号線」（橙色のケーブル）には、「Low（0）」と「High（1）」の波形（方形波）が連続して流れています。

そのときの周期内の「High」の割合（これを「デューティ比」と言います）を変えることによって、サーボを任意の角度まで動かせるのです。

たとえば、図のように、一周期内に「Highが50%」「Lowが50%」の信号なら、「デューティ比」（Highの割合）は50%になる、ということです。

この「方形波」(HighとLowの波形)の「Highになっている部分の長さ」(パルス幅)を変えると、「サーボの動く角度」を変えることができます。

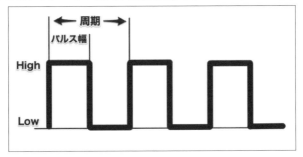

図2-1-14　一周期内に「Highが50%」「Lowが50%」の信号

「うぅ～ん、ちょっと難しい」なんて思うかもしれませんが、「UIFlow」には「PWM」が使えるブロックが用意されているので、それほど難しいものではないですよ。

＊

それでは、実際に「デューティ比」というものを計算して「サーボ」を動かしてみます。

今回使っている「サーボ」は、「SG-90」というホビーユースでよく使われるメジャーな「サーボ」で、数百円程度で購入できるものです。

図2-1-15　SG-90マイクロサーボ

まずはこのサーボの仕様を見てみましょう。

＊

制御角は180°（±90°）の半回転まで動く一般的なサーボとなります。

今回使う必要（重要）な部分は太字で書いています。

表2-1-1　「SG-90 マイクロサーボ」製品仕様

PWMサイクル	20mS
制御パルス	0.5mS～2.4mS
制御角	±約90°（180°）
配　線	茶（GND）・赤（＋電源）・橙（制御信号）
トルク	1.8kgf・CM
動作速度	0.1秒/60°
動作電圧	4.8V（～5V）
温度範囲	0～55°C
外形寸法	22.2×11.8×31mm
重　量	約9g

　秋月電子通商のサイトにデータシートがあったので、引用させてもらいます。

「SG-90 参考資料」
http://akizukidenshi.com/download/ds/towerpro/SG90_a.pdf

　周期が「20ms」（50Hz）で、Highの時間を「0.5～2.4ms」の間で変えて回転角
を制御するサーボです。

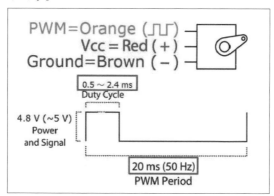

図2-1-16　SG90の周期(http://akizukidenshi.com/download/ds/towerpro/SG90_a.pdf)

＊

それでは「デューティ比」を計算してみましょう。

「デューティ比」は1周期にある High の時間の割合です。

このサーボの場合、High の時間を「0.5〜2.4ms」の範囲で変化させることで、「0〜180°」の任意の位置まで動かします。

【例】回転角0°の場合の「デューティ比」

たとえば、High の時間が最小の「0.5ms」の場合（サーボの回転角0°）、このときの High の割合（デューティ比）は、

High の時間 (0.5ms) ÷ 周期 (20mS) = 0.025 (2.5%)

となります。

【例】回転角180°の場合の「デューティ比」

High の時間が最大の「2.4ms」の場合（サーボの回転角180°）では、

High の時間 (2.4ms) ÷ 周期 (20mS) = 0.12 (12%)

となります。

そして、「真ん中」（サーボ角90°）では、「7.25%」ということですね。

こんな感じで「デューティ比」を計算して「サーボの回転角」を指定します。

*

あとは「UIFlow」の「PWMブロック」を使えば、「サーボ」を動かすことができます。

> ※「PWM」用のブロックは、【高度なブロック】⇒【PWM出力】から選択可能です。

図2-1-17　PWM用のブロックの一覧

先にご紹介した「サーボHAT用のブロック」で組んだのが、こちら。(90°回転)

図2-1-18 「サーボ」を動かすプログラム(サーボHAT用ブロック)

「PWMブロック」ではこんな記述になります。

図2-1-19 サーボを動かすプログラム(PWMブロック)

ピン番号「26」を指定(今回「G26」に出力)、周波数(1/周期)、デューティ比7.25%(90°回転)としています。

「出力ピン」が指定できるので、他の「GPIOポート」からも出力させることが可能です。

＊

「サーボHAT用ブロック」のように角度で指定できるほうが最初は分かりやすいのですが、「PWMブロック」を使えば、他の空いている「GPIO」ポート(「G26」「G0」「G32」「G33」)に接続して複数のサーボを同時に動かすこともできます(「G36」は「入力専用」なので使えません)。

試しに「G0」「G26」「G32」「G33」に信号線をつないで、4台のサーボを同時に動かしてみました。

図2-1-20　4台のサーボを同時に動かす

> ※今回はテスト的にやっているので、「サーボ電源」は「M5StickC」の5V出力端
> 子から直接取っています。
> 　また、複数の「ジャンパーワイヤ」が挿せないので、「5V」および「GND」は「ブレッ
> ドボード」を使っています。

　「GROVE端子」には「ジャンパーワイヤ」を挿せませんが、「GROVE端子変換ケーブル」を使うことで、「G32」と「G33」ポートが使えます。

図2-1-21　「G32」「G33」ポートを使うには「GROVE端子変換ケーブル」が必要

＊

組んだブロックはこんな感じです。

　「サーボ」の回転角を「0°→90°→180°」と変えるのを繰り返すだけの単純なものとなります。

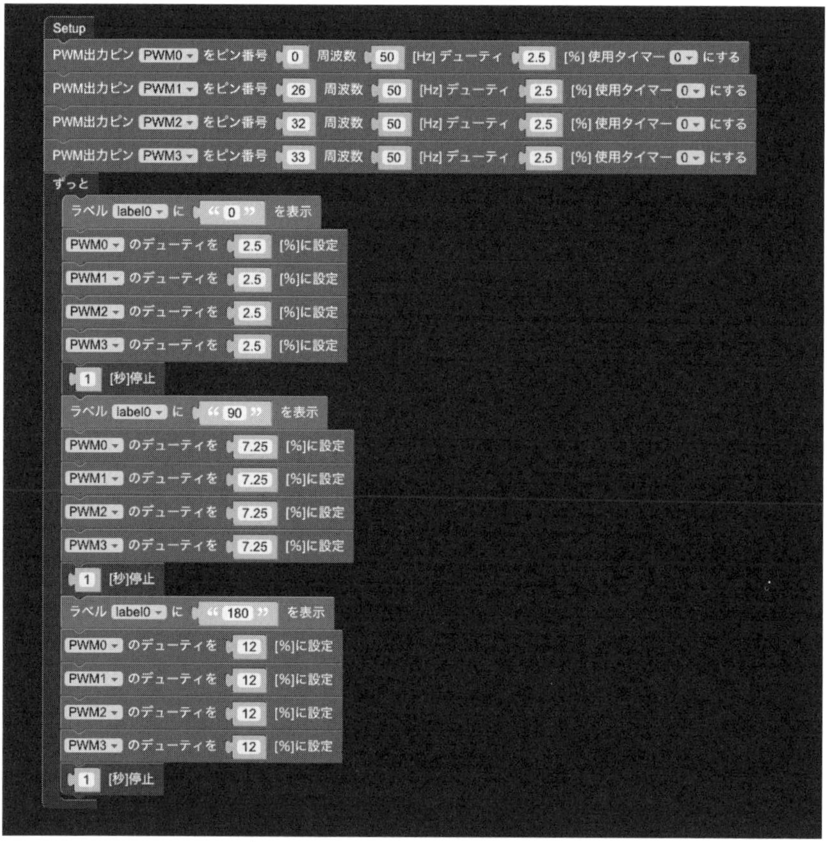

図2-1-22　サーボを動かすプログラム

　「サーボ」は「動き出し時」に多くの電気を必要とするようで、「サーボ4台」動作時に「M5StickC」本体電圧が3.5V付近になると、急な電圧低下でシャットダウンすることがありました（「M5StickC」は「3.0V」で強制的にシャットダウンされる）。

　今回のようにテスト的に動かすには問題ありませんが、実際に何かを作って複数台のサーボを動かす場合は、電源は別系統でとることになると思います。

　また、急な電圧低下を防止するため、サーボのVCC-GND間に「電解コンデンサ」を入れておくのもいいかもしれません。

■**サーボを使ったテスト動作**

こんな感じで「PWM制御」を使えば、「UIFlow」でも簡単にサーボを複数台動かすことができます。

また、「M5StickC」には「加速度センサ」が搭載されているので、「傾き」によってサーボを動かしたり、ジョイスティックを使ってアナログ的に動かしたりできるので楽しいです。

図2-1-23　本体の「傾き」に応じて「サーボの回転角度」が変わる（動画：https://www.instagram.com/p/CDaBOH7Hp7k/?utm_source=ig_embed&ig_rid=527edca2-cb23-411c-9426-6839b92e0bb3）

図2-1-24　「ジョイスティック」で動かすことも可能（動画：https://www.instagram.com/p/CDdXeHzHins/?utm_source=ig_embed&utm_campaign=embed_video_watch_again）

＊

今回は、「PWM制御」を使って「サーボ」を動かしてみました。

「Arduino」でも基本的な考え方は同じなので、「サーボ制御」の雰囲気を掴むのに「UIFlow」でいろいろと組んで遊んでみると、理解が深まります。

「M5StickC」は使える「GPIOポート」の数が少なく、制限があります。

今回は、「G0」「G26」「G32」「G33」を使って（「G36」は「入力専用」なので今回は使えません）4台同時にサーボを動かしましたが、「M5StickC」本体に直接挿

して使う場合、これが最大となるようです。

＊

「I2C」を用いてさらに多くのサーボ（最大8台）を動かせる「SERVOS HAT」も販売されています。

こちらは「16340リチウムイオン電池」をサーボの電源として使っており、あとは何か台座を用意すれば、もうそれだけで動くものが作れそうです。

図2-1-25　SERVOS HAT

2-2　「M5StickC」を傾けて「画面上のボール」を転がす

筆者	MSR合同会社
サイト名	「さとやまノート」
URL	https://sample.msr-r.net/

「M5StickC」には、「MPU6886」という「6軸センサ」が搭載されています。

今節では、このセンサを使って、"「M5StickC」本体を傾けると、それに応じて、LCDに表示されているボールが転がる"というスケッチを作りましょう。

一つ一つのステップごとに、動作確認をしながら、進めていきます。

■ボールを表示する

まずは事前準備として、LCDにボール（円）を表示してみます。

＊

今回は「M5StickC」を「横向き」で使います。

画面サイズは横160ピクセル、縦80ピクセルです。

*

「M5StickC」に、以下の「スケッチ」を書き込みます。

リスト1　ボールを表示する

```
#include <M5StickC.h>

void setup() {
  M5.begin();
  M5.Lcd.setRotation(1);
  M5.Lcd.fillCircle(10, 40, 10, RED);
  M5.Lcd.fillCircle(80, 40, 10, BLUE);
  M5.Lcd.fillCircle(150, 40, 10, YELLOW);
}

void loop() {
}
```

　結果は図のとおりで、「画面左端」「画面中央」「画面右端」に「ボール」が表示されました。

図2-2-1　ボールが3つ表示される

■ボールを動かす

　次に、変数「x」で「ボールの位置情報」(X座標)を、変数「v」で「ボールの速度」を定義し、ボールをLCD画面上で、一定速度で左右に動かしてみます。

　「スケッチ」は、以下のとおりです。

リスト2　ボールを左右に動かす

```
#include <M5StickC.h>

int x = 10;
int v = 1;

void setup() {
  M5.begin();
  M5.Lcd.setRotation(1);
}

void loop() {
  M5.Lcd.fillScreen(BLACK);
  M5.Lcd.fillCircle(x, 40, 10, YELLOW);
  x += v;
  if(x==10) v = 1;
  if(x==150) v = -1;
  delay(10);
}
```

　結果は以下のとおりです。
　「ボール」が一定の速度で、左右に動いています。

図2-2-2　「M5StickC」の画面上で「ボール」を動かす
(動画：https://www.youtube.com/watch?v=NNOaD8zyOtU)

■「MPU6886」の加速度情報を表示する

「6軸センサ」が採取する「加速度情報」を確認するために、以下の「スケッチ」を作りました。

リスト3　加速度情報を表示する

```
#include <M5StickC.h>

float accX = 0.0f;
float accY = 0.0f;
float accZ = 0.0f;

void setup() {
  M5.begin();
  M5.IMU.Init();
  M5.Lcd.setRotation(1);
}

void loop() {
  M5.update();
  M5.IMU.getAccelData(&accX, &accY, &accZ);
  Serial.printf("%5.2f,%5.2f,%5.2f\n", accX, accY, accZ);
  delay(100);
}
```

「シリアル・プロッタ」で確認したところ、「M5StickC」を左右に傾けることで、2カラム目の値（accY）が変化することが分かりました。

念のため、「accY」だけを出力するように、スケッチを修正しました。

リスト4　加速度情報を表示する（「accY」のみ出力）

```
#include <M5StickC.h>

float accX = 0.0f;
float accY = 0.0f;
float accZ = 0.0f;

void setup() {
  M5.begin();
  M5.IMU.Init();
  M5.Lcd.setRotation(1);
```

```
}

void loop() {
  M5.update();
  M5.IMU.getAccelData(&accX, &accY, &accZ);
  Serial.printf("%5.2f\n", accY);
  delay(100);
}
```

「シリアル・プロッタ」に表示させた結果は、図のとおりです。

「M5StickC」を左右に傾けることで、値が変化しています。

＊

なお、本体を右に傾ける（左側を上げる）と「プラス」、左に傾ける（右側を上げる）と「マイナス」、水平にしていると「ゼロ」になります。

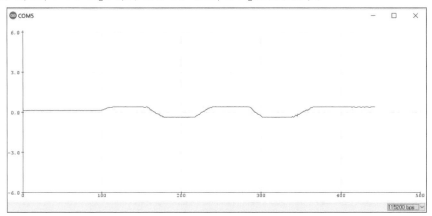

図2-2-3　加速度情報のグラフ

■「M5StickC」の傾きに応じた位置情報を表示する

先ほどの「スケッチ」で採取した「加速度情報」から、「M5StickC」の傾きに応じた「速度」「位置情報」を計算し、「シリアル・プロッタ」に位置情報を表示させてみます。

リスト5 位置情報を表示する

```
#include <M5StickC.h>

float accX = 0.0f;
float accY = 0.0f;
float accZ = 0.0f;
float x = 0.0f;
float v = 0.0f;

void setup() {
  M5.begin();
  M5.IMU.Init();
  M5.Lcd.setRotation(1);
}

void loop() {
  M5.update();
  M5.IMU.getAccelData(&accX, &accY, &accZ);
  v += accY;
  x += v;
  Serial.printf("%5.2f\n", x);
  delay(100);
}
```

結果は、以下のとおりで、「M5StickC」の傾きに応じて、「位置情報」が変動していることが分かります。

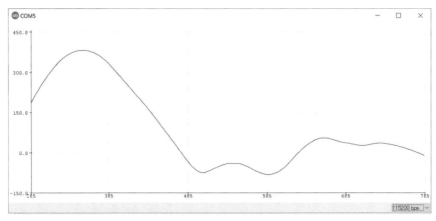

図2-2-4 位置情報のグラフ

■傾きに応じてボールを転がす

ここまで作ってきた「スケッチ」と、先ほど事前確認した、「ボールを動かすスケッチ」を組み合わせて、「M5StickC」の傾きに応じて、ボールを動かします。

*

「スケッチ」は以下のとおりです。

ボールが画面の左端、右端にいるときには、ボールが画面からハミ出ないように、速度「v」をゼロに、位置情報「x」をその座標に固定しています。

リスト6 傾きに応じてボールを転がす

```
#include <M5StickC.h>

float accX = 0.0f;
float accY = 0.0f;
float accZ = 0.0f;
float x = 80.0f;
float v = 0.0f;

void setup() {
  M5.begin();
  M5.IMU.Init();
  M5.Lcd.setRotation(1);
}
```

```
void loop() {
  M5.update();
  M5.IMU.getAccelData(&accX, &accY, &accZ);
  v += accY;
  x += v;
  if(x>=150.0) { v=0.0; x=150.0; }
  if(x<=10.0)  { v=0.0; x=10.0; }
  M5.Lcd.fillScreen(BLACK);
  M5.Lcd.fillCircle((int)x, 40, 10, YELLOW);
  delay(20);
}
```

*

結果は、以下のとおりです。

「M5StickC」の傾きに応じて、「黄色いボール」が自然に転がっています。

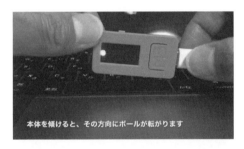

図2-2-5 「M5StickC」の傾きに応じてボールを動かす
(動画：https://www.youtube.com/watch?v=UUL65vyi9o8)

「M5StickC」の「6軸センサ」と「LCD」を使うことで、比較的簡単に、視覚的にもけっこう面白い「スケッチ」を作ることができました。

2-3 | 画面上のボールをバウンドさせる

筆者	MSR合同会社
サイト名	「さとやまノート」
URL	https://sample.msr-r.net/

この節では、「M5StickC」の画面上で、"ボールを自由落下させ、地面に着いたときに跳ね返る"ような「スケッチ」を作ってみます。

一つ一つのステップごとに、動作確認をしながら、進めていきましょう。

■ボールを自由落下させる

最初に、「ボール」を「自由落下」させてみます。

*

「F = mg」の式で「重力」を求め、そこから「ボールの加速度a」「ボールの速度v」「ボールの移動距離x」を求めます(画面サイズが小さいので、それに合わせて数値を補正)。

その結果に基づいて、ボール(円)を描画します。

これを一定間隔で繰り返します。

「スケッチ」は以下のとおりです。

リスト1　ボールを自由落下させる

```
#include <M5StickC.h>

float t = 0.0f;    // 画面の上端座標
float g = 9.8f;    // 重力加速度
float m = 1.0f;    // ボールの質量
float r = 10.0f;   // ボールの半径
float x = t+r;     // ボールの位置(中心座標)
float v = 0.0f;    // ボールの速度

void setup() {
  M5.begin();
  M5.Lcd.setRotation(1);
}
```

```
void loop() {
  M5.update();
  if(M5.BtnA.wasPressed()) {
    x = r;
    v = 0.0;
  }
  float f = m * g;
  float a = f / m / 10;
  v += a;
  x += v;
  M5.Lcd.fillScreen(BLACK);
  M5.Lcd.fillCircle((int)x, 40, (int)r, YELLOW);
  delay(20);
}
```

結果は以下のとおりです。

「ボタンA」を押すと、「ボール」が落ちます。

図2-3-1 「M5StickC」の画面上でボールを自由落下させる

■ボールをバウンドさせる

　上記の「スケッチ」ではボールは落ちていくだけなので、ここでは"ボールが地面に到達したときにバウンド"させてみます。

　ボールが地面に沈み込んだときに、「F = kx」の式で、弾性力を考慮します。

　「スケッチ」は以下のとおりです。

リスト2　ボールをバウンドさせる

```
#include <M5StickC.h>

float t = 0.0f;    // 画面の上端座標
float b = 160.0f;  // 画面の下端座標
float g = 9.8f;    // 重力加速度
float m = 1.0f;    // ボールの質量
float r = 10.0f;   // ボールの半径
float k = 20.0f;   // バネ定数
float x = t+r;     // ボールの位置(中心座標)
float v = 0.0f;    // ボールの速度

void setup() {
  M5.begin();
  M5.Lcd.setRotation(1);
}

void loop() {
  M5.update();
  if(M5.BtnA.wasPressed()) {
    x = r;
    v = 0.0;
  }
  float f = m * g;
  if(x+r > b) {
    float f2 = k * ((x+r)-b);
    f = f -   f2;
  }
  float a = f / m / 10;
  v += a;
  x += v;
  M5.Lcd.fillScreen(BLACK);
  M5.Lcd.fillCircle((int)x, 40, (int)r, YELLOW);
  delay(20);
}
```

　結果は以下のとおりで、ボールが地面に到達すると、跳ね返るようになりました。

　ただし、ボールの勢いは減衰せず、永遠にバウンドを繰り返します。

図2-3-2 「M5StickC」の画面上でボールをバウンドさせる
(動画:https://www.youtube.com/watch?v=ZJpZ83Nults)

■ボールのバウンドを減衰させる

上記では、「ボール」が永遠にバウンドし続けるので、これを「減衰」させ、最終的には止まるようにしてみます。

「弾性力」を考慮するときに、同時に「F＝cv」の式で、「粘性抵抗」も考慮します。

「スケッチ」は以下のとおりです。

リスト3　バウンドを減衰させる

```
#include <M5StickC.h>

float t = 0.0f;    // 画面の上端座標
float b = 160.0f;  // 画面の下端座標
float g = 9.8f;    // 重力加速度
float m = 1.0f;    // ボールの質量
float r = 10.0f;   // ボールの半径
float k = 20.0f;   // バネ定数
float c = 2.0f;    // 粘性係数
float x = t+r;     // ボールの位置(中心座標)
float v = 0.0f;    // ボールの速度
```

```
void setup() {
  M5.begin();
  M5.Lcd.setRotation(1);
}

void loop() {
  M5.update();
  if(M5.BtnA.wasPressed()) {
    x = r;
    v = 0.0;
  }
  float f = m * g;
  if(x+r > b) {
    float f2 = k * ((x+r)-b);
    float f3 = c * v;
    f = f -  f2 - f3;
  }
  float a = f / m / 10;
  v += a;
  x += v;
  M5.Lcd.fillScreen(BLACK);
  M5.Lcd.fillCircle((int)x, 40, (int)r, YELLOW);
  delay(20);
}
```

　結果は以下のとおりです。
　「ボール」が地面に到達すると跳ね返りますが、跳ね返るごとに高さが低くなり、最終的には止まるようになりました。

図2-3-3 「M5StickC」の画面上でバウンドしているボールを停止させる
（動画：https://www.youtube.com/watch?v=DAzuhFk22ks）

＊

それほど難しい処理はしていませんが、視覚的にもけっこう面白い「スケッチ」
を作ることができました。

このような処理を組み合わせることで、より複雑な描画もできそうです。

2-4 「傾き」に応じて画面上の「ボール」を転がし、バウンドさせる

筆者	MSR合同会社
サイト名	「さとやまノート」
URL	https://sample.msr-r.net/

ここまでで、“「M5StickC」本体を傾けると、それに応じて、LCDに表示さ
れているボールが転がる”というスケッチ（前々節）と、“「M5StickC」本体の
LCDに表示されているボールが自由落下し、地面についたらバウンドする”と
いうスケッチ（前節）を作りました。

今回はこれら2つのスケッチを組み合わせて、

・「M5StickC」本体を傾けると、それに応じて、LCDに表示されているボールが転がる。
・ボールが画面の左右端についたら、そこでバウンドする。

という「スケッチ」を作ってみます。

＊

前々節のスケッチと同様に、6軸センサで、Y軸の加速度情報「accY」を採取
します。

前々節では、この加速度情報から、そのままボールの速度「v」を求めていま

したが、今回は、ボールの「跳ね返り」を考慮するため、いったん、加速度から力「f」を求めます。

　その上で、弾性力（F = kx）、粘性抵抗（F = cv）という二つの力も考慮して、「f」を補正します。

　こうして求めた補正後の「f」から、「ボールの加速度a」「ボールの速度v」「ボールの位置情報x」を求めます。

　「スケッチ」は以下のようになります。
　「k」、「c」の値は、ボールの跳ね返り具合が自然になるように調整しました。

リスト　傾きに応じて画面上のボールを転がし、バウンドさせる

```
#include <M5StickC.h>

float accX = 0.0f;
float accY = 0.0f;
float accZ = 0.0f;
float x = 80.0f;
float v = 0.0f;
float m = 1.0f;
float k = 1.0f;
float c = 0.3f;

void setup() {
  M5.begin();
  M5.IMU.Init();
  M5.Lcd.setRotation(1);
}

void loop() {
  M5.update();
  M5.IMU.getAccelData(&accX, &accY, &accZ);
  float f = m * accY;
  if(x > 150.0) {
    float f2 = k * (x-150.0);
    float f3 = c * v;
    f = f - f2 - f3;
  }
```

```
  if(x < 10.0) {
    float f2 = k * (x-10.0);
    float f3 = c * v;
    f = f - f2 - f3;
  }
  float a = f / m;
  v += a;
  x += v;
  M5.Lcd.fillScreen(BLACK);
  M5.Lcd.fillCircle((int)x, 40, 10, YELLOW);
  delay(20);
}
```

*

「結果」は以下のとおりです。

けっこう、いい感じにボールの動きを表現できていると思います。

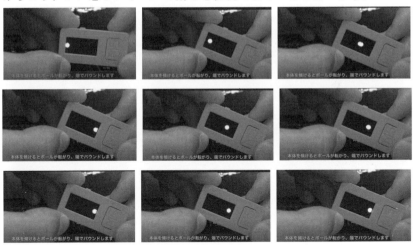

図2-4-1 「M5StickC」を傾けてボールを転がす
(動画: https://www.youtube.com/watch?v=Bb_n-bfZasE)

　座標計算のための特別なライブラリも使わず、わずか数十行の「スケッチ」で、動きを表現することができました。

*

応用すると、より複雑な動きも表現できそうです。

第3章

「M5StickC」で作ってみる

エムファイブ

大まかな使い方がつかめたら、何か実用的なものを作ってみたくなります。

ここでは、「M5StickC」を使って「スマート電池」や「簡易テスタ」「キャプチャ・ボタン」など、実際に役に立つ作品を作った例を見ていきます。

3-1 「M5StickC」でスマートな電池「M5Stick-Cell」を作成

筆者	お父ちゃん
サイト名	「HomeMadeGarbage」
URL	https://homemadegarbage.com/

「M5StickC」をついに購入しました。

「M5Stack」はもっていなかったのですが、「M5StickC」のカワイイ色やサイズ、そしてなんと言っても2000円以下の、"家計に優しい価格"にやられて速攻購入した次第です。

*

ここでは、「M5StickC」で製作した、実にスマートな電池、「M5Stick-Cell」を紹介します。

■「M5Stick-Cell」構成

I2Cモータドライバ、「DRV8830」を用いて電圧出力します。

「Blynk」というスマホアプリでBluetoothを介して「M5StickC」と通信し、出力電圧をコントロールする電池を実現します。

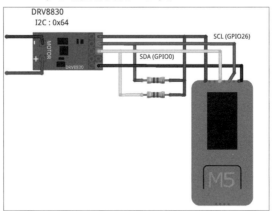

図3-1-1 「M5Stick-Cell」の構成

[部品]

・M5StickC

・I2Cモータードライバ・モジュール「DRV8830」

■「M5StickC」の組み立て

「ユニバーサル基板」を適度なサイズにカットして、「M5StickC」とつなぐ「コネクタ」と「モータドライバ」を搭載しました。

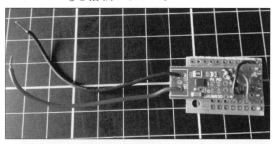

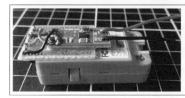

図3-1-2　「DRV8830」と「M5StickC」をつなぐ

■M5StickC

設計環境には「Arduino IDE」を使いました(設定方法は**第1章**を参照)。

小型でカワイイですが、「カラーLCDディスプレイ」「マイク」「赤外線LED」「BLE」や「WiFi機能」など、盛りだくさんです。
しっかりしたパッケージにコンパクトに収まっているので、非常に扱いやすいです。

＊

詳細は以下の通りです。

M5StickC
https://github.com/m5stack/M5StickC

■Blynk設定

スマホと「M5StickC」は、スマホアプリの「Blynk」を用いて「Bluetooth通信」
させます。

「Blynkアプリ」のバージョンは「2.27.6」です。

| 手　順 | 「Blynk」の設定 |

[1] 新規プロジェクトを作ります。

「HARDWRE MODEL」は「ESP32 Dev Board」を選択。

「CONNECTION TYPE」は「Bluetooth」を選択。

「AUTH TOKEN」は「Arduinoコード」の生成時に使います。

（アカウント登録したメールに送信されます）

図3-1-3　各項目を選択

[2] ウィジェットとして「Bluetooth」と「ジョイスティック」を配置します。

図3-1-4　「Bluetooth」と「ジョイスティック」を配置

[3]「ジョイスティック」の設定は「x軸」と「y軸」の出力を MERGE して、バーチャルピン「V0」に出力させ、それぞれ値は「-20〜20」としました。

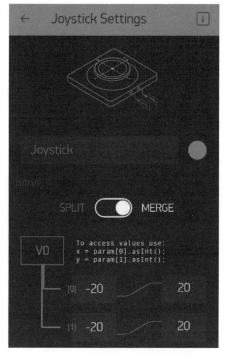

図3-1-5 「ジョイスティック」を設定

■I2Cモータドライバ「DRV8830」

「DRV8830」は、「I2C入力」によって、「モータ供給電圧」(スピード)と「供給電圧方向」(回転方向)を制御するものです。

つまり、正負の電圧を生成するということです。

●I2Cアドレス設定

本モジュールは基板上のジャンパA1,A0のステートによって、以下の表のようにアドレスを指定できます。

表3-1-1　I2C アドレスの設定
(https://strawberry-linux.com/pub/drv8830-manual.pdf)

A1	A0	I2C アドレス
0	0	0b1100000x
0	open	0b1100001x
0	1	0b1100010x
open	0	0b1100011x
open	open	0b1100100x
open	1	0b1100101x
1	0	0b1100110x
1	open	0b1100111x
1	1	0b1101000x

表のアドレス末尾「x」は、読み込み時には「1」に、書き込み時は「0」にしています。

ここでは、「書き込み時」のみ使います。

両方Openのアドレスを、「0x64」としました。

●書き込みI2Cデータ

アドレス「0x00」に、8bitの情報を書き込みます。

各ビットの設定は以下の通り。

「上位6ビット」で「電圧」を設定し、「下位2ビット」で「正負」を指定できます。

表3-1-2　上位6ビットの設定
(https://strawberry-linux.com/pub/drv8830-manual.pdf)

VSET	出力電圧	VSET	出力電圧	VSET	出力電圧	VSET	出力電圧
0x00	＜予約＞	0x10	1.29V	0x20	2.57V	0x30	3.86V
0x01	＜予約＞	0x11	1.37V	0x21	2.65V	0x31	3.94V
0x02	＜予約＞	0x12	1.45V	0x22	2.73V	0x32	4.02V
0x03	＜予約＞	0x13	1.53V	0x23	2.81V	0x33	4.10V
0x04	＜予約＞	0x14	1.61V	0x24	2.89V	0x34	4.18V
0x05	＜予約＞	0x15	1.69V	0x25	2.97V	0x35	4.26V
0x06	0.48V	0x16	1.77V	0x26	3.05V	0x36	4.34V
0x07	0.56V	0x17	1.85V	0x27	3.13V	0x37	4.42V
0x08	0.64V	0x18	1.93V	0x28	3.21V	0x38	4.50V
0x09	0.72V	0x19	2.01V	0x29	3.29V	0x39	4.58V
0x0A	0.80V	0x1A	2.09V	0x2A	3.37V	0x3A	4.66V
0x0B	0.88V	0x1B	2.17V	0x2B	3.45V	0x3B	4.74V
0x0C	0.96V	0x1C	2.25V	0x2C	3.53V	0x3C	4.82V
0x0D	1.04V	0x1D	2.33V	0x2D	3.61V	0x3D	4.90V
0x0E	1.12V	0x1E	2.41V	0x2E	3.69V	0x3E	4.98V
0x0F	1.20V	0x1F	2.49V	0x2F	3.77V	0x3F	5.06V

※「電源電圧」よりも高い電圧を設定しても、その電圧は出力されません。

表3-1-3　下位2ビットの設定
(https://strawberry-linux.com/pub/drv8830-manual.pdf)

下位2ビット IN2:IN1	動　作	説　明
00	スタンバイ [デフォルト]	モータはフリーに回転できます 消費電力は最小
01	正転	OUT1＝＋, OUT2＝－
10	逆転	OUT1＝－, OUT2＝＋
11	ブレーキ	モータの両端を短絡してブレーキをかけます

第**3**章 「M5StickC」で作ってみる

■Arduino IDE プログラム

以下の「Blynk」のArduino用ライブラリを使って、プログラムしました。
バージョンは「0.6.1」です。

blynk-library
https://github.com/blynkkk/blynk-library

ライブラリのコード例の「ESP32_BT.ino」を参考に、プログラムしました。

ここでは「Bluetooth」を使って「M5stickC」と通信します。
WiFiでもよかったのですが、現状ではまだ「Blynk」が正式に「M5stickC」を
サポートしていないため、「Blynk WiFi ライブラリ」と「M5stickC ライブラリ」
との併用ができませんでした(Bluetoothは大丈夫でした)。

このプログラムは、「Blynk」の「ジョイスティック」の値「0~20」の数値を受
けて、「0~1.6V」の電圧を出力します。
また、「ジョイスティック」が上部にあるときは「正」、下部にあるときは「負」
の電圧になります。

リスト　M5StickCell03-BT.inoArduino

```
#define BLYNK_PRINT Serial

#define BLYNK_USE_DIRECT_CONNECT

#include <BlynkSimpleEsp32_BT.h>
#include <M5StickC.h>

BlynkTimer timer;

// You should get Auth Token in the Blynk App.
// Go to the Project Settings (nut icon).
char auth[] = "Blynkアプリの YourAuthToken を入力";

const int DRV8830 = 0x64;
long Vol;
float volDis = 0.0;
```

```
double vbat = 0.0;
int p = 0;
int pblack = 0;


//モータドライバ I2C制御 motor driver I2C
//Reference
//http://makers-with-myson.blog.so-net.ne.jp/2014-05-15
void writeMotorResister(byte vset, byte data1){
  int vdata = vset << 2 | data1;
  Wire.beginTransmission(DRV8830);
  Wire.write(0x00);
  Wire.write(vdata);
  Wire.endTransmission(true);
}

//ヴァーチャルピンV0データ受信
BLYNK_WRITE(V0) {
  long x = param[0].asInt();
  long y = param[1].asInt();

  Serial.print("x: ");
  Serial.print(x);
  Serial.print("  y: ");
  Serial.print(y);

  Vol = sqrt(x*x+y*y);
  if(Vol > 20){
    Vol = 20;
  }
  volDis = (float)Vol/20.0 * 1.6;

  Serial.print("  Vol: ");
  Serial.println(Vol);

  M5.Lcd.fillRect(45, 30, 135, 50, BLACK);
  M5.Lcd.setCursor(60, 30, 1);
  M5.Lcd.setTextFont(4);
  if(y>0){
    writeMotorResister(byte(Vol), 0x01);
    M5.Lcd.printf("+%.1f V\r\n",volDis);
```

```
    }else if(y<0){
      writeMotorResister(byte(Vol), 0x02);
      M5.Lcd.printf("-%.1f V¥r¥n",volDis);
    }else{
      writeMotorResister(0x00, 0x00);
      M5.Lcd.println(" 0.0   V¥r¥n");
    }
}


void myTimerEvent() {
  vbat        = M5.Axp.GetVbatData() * 1.1 / 1000;
  p = (int)(vbat/4.2*100);
  pblack = map((100-p),0, 100, 0,50);

  //バッテリ残量[%]
  M5.Lcd.setCursor(6, 0, 2);
  M5.Lcd.setTextFont(2);
  M5.Lcd.printf("%3d%%¥r¥n",p);


  //バッテリ残量表示
  M5.Lcd.fillRect(18, 23, 9, 6, GREEN);
  M5.Lcd.fillRect(8, 29, 30, 44, GREEN);
  if(pblack <= 6){
    M5.Lcd.fillRect(18, 23, 9, pblack, BLACK);
  }else{
    M5.Lcd.fillRect(18, 23, 9, 6, BLACK);
    M5.Lcd.fillRect(8, 29, 30, pblack - 6, BLACK);
  }
}

void setup() {
  Serial.begin(115200);
  Wire.begin(0, 26, 10000); //SDA, SCL

  M5.begin();
  M5.Axp.ScreenBreath(8);

  M5.Lcd.setRotation(1);
  M5.Lcd.fillScreen(TFT_BLACK);
```

```
// バッテリ残量表示枠
M5.Lcd.drawLine(7, 28, 7, 73, WHITE);
M5.Lcd.drawLine(7, 73, 38, 73, WHITE);
M5.Lcd.drawLine(38, 73, 38, 28, WHITE);
M5.Lcd.drawLine(38, 28, 27, 28, WHITE);
M5.Lcd.drawLine(27, 28, 27, 22, WHITE);
M5.Lcd.drawLine(27, 22, 17, 22, WHITE);
M5.Lcd.drawLine(17, 22, 17, 28, WHITE);
M5.Lcd.drawLine(17, 28, 7, 28, WHITE);


  Blynk.setDeviceName("Blynk");
  Blynk.begin(auth);

  timer.setInterval(1000L, myTimerEvent);
}

void loop() {
  Blynk.run();
  timer.run();
}
```

●ディスプレイ表示

LCDには「**M5stickC**」本体の「バッテリ残量」と「出力電圧」を表示しています。

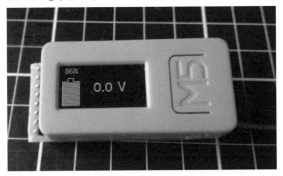

図3-1-6 「バッテリ残量」と「出力電圧」が表示される

「バッテリ残量」は、当初は内部の「バッテリ電圧」を読んで、「4.2V」を

100%、「0V」を0%とする、簡単で乱暴な表示でした。

しかし、「73%」(3.07V) で電源が落ちたので、「3.0〜4.2V」での残量表示に変更しました。

電源IC仕様書にも「充電ターゲット 4.2V」「トリクル充電ターゲット 3.0V」と記載がありました。

電源IC「AXP192」データシート
https://github.com/m5stack/M5-Schematic/blob/master/Core/
AXP192%20Datasheet%20v1.13_cn.pdf

電池残量に応じて「電池のグラフィック」も変化します。

電池残量は「Blynk」のタイマー割り込みで1秒ごとに計測して表示しています。

「M5stickCライブラリ」による、ディスプレイ表示に関する関数は、以下の通りです。

m5-docs
https://github.com/m5stack/m5-docs/blob/master/docs/en/api/lcd_
m5stickc.md

■Blynk Bluetooth接続

「Blynkプロジェクト」の「Bluetoothウェジット」をクリックして設定します。

「Connect Bluetooth device」をクリックして「Blynk」が表示されたら、「OK」をクリックして接続。

図3-1-7 「Connect Bluetooth device」をクリック(左)、「OK」をクリック(右)

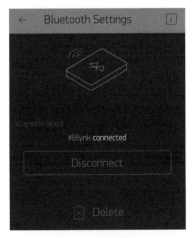

図3-1-8　接続完了

＊

スマートな電池が出来ました。

　極性を変えることができるので、モータで動くオモチャなら「スピード制御」
に加えて「逆走」もできてしまいます。

> ※動作の様子は以下のページで見られます
> https://twitter.com/i/status/1140662174169174016

3-2 「M5StickC」を「簡易テスタ」にする

筆者	たなかまさゆき
サイト名	「Lang-ship」
URL	https://lang-ship.com/blog/

　「M5StickC」を使って、「導通確認」と「電圧測定」だけができる、「簡易テスタ」を作ってみました。

　ワンバイナリで「M5StickC」と「M5StickCPlus」の両対応になります。

■作成物(GitHub)

　コードは以下の通りです。

リスト　「簡易テスタ」のプログラム

```
#include <M5Lite.h>
const int inputBeepPin   = 26;
const int inputAnalogPin  = 36;
hw_timer_t *timer;
QueueHandle_t xQueue;
TaskHandle_t taskHandle;
const int16_t listCount = 1000;
int16_t list[listCount];
int16_t listIndex = 0;
// タイマー割り込み
void IRAM_ATTR onTimer() {
  int16_t data;
  // データ取得
  data = analogRead(inputAnalogPin);
  // キューを送信
  xQueueSendFromISR(xQueue, &data, 0);
}
// 実際のタイマー処理用タスク
void task(void *pvParameters) {
  int16_t data;
  int drawX = 9999;
  // 画面初期化
  M5.Lcd.fillRect(0, 8 * 3, M5.Lcd.width(), M5.Lcd.height(),
DARKGREY);
  // 初期値設定
```

```
    data = analogRead(inputAnalogPin);
    for (int i = 0; i < M5.Lcd.width(); i++) {
      list[i] = data;
    }
    while (1) {
      // タイマー割り込みがあるまで待機する
      xQueueReceive(xQueue, &data, portMAX_DELAY);
      // 過去履歴更新
      list[listIndex] = data;
      listIndex++;
      listIndex = listIndex % M5.Lcd.width();
      int16_t minVal = 4096;
      int16_t maxVal = 0;
      for (int i = 0; i < M5.Lcd.width(); i++) {
        minVal = min(minVal, list[i]);
        maxVal = max(maxVal, list[i]);
      }
      // X軸計算
      drawX++;
      if (M5.Lcd.width() <= drawX) {
        // 右端まで行ったら初期化
        drawX = 0;
      }
      // 実際の処理
      int drawY = map(4095 - data, 0, 4095, 8 * 3, M5.Lcd.
height() - 1);
      M5.Lcd.fillRect(drawX, 8 * 3, 16, M5.Lcd.height(),
DARKGREY);
      M5.Lcd.drawPixel(drawX, drawY, WHITE);
      Serial.println(data);
      M5.Lcd.setCursor(M5.Lcd.width() - (6 * 10), 8 * 0);
      M5.Lcd.printf("min %5.3fV¥n", 3.3 * minVal / 4095);
      M5.Lcd.setCursor(M5.Lcd.width() - (6 * 10), 8 * 1);
      M5.Lcd.printf("max %5.3fV¥n", 3.3 * maxVal / 4095);
      M5.Lcd.setCursor(M5.Lcd.width() - (6 * 10), 8 * 2);
      M5.Lcd.printf("now %5.3fV¥n", 3.3 * data / 4095);
    }
}
void setup() {
  M5.begin();
  pinMode(inputBeepPin, INPUT_PULLUP);
```

```
  pinMode(inputAnalogPin, ANALOG);
  pinMode(M5_LED, OUTPUT_OPEN_DRAIN);
  digitalWrite(M5_LED, HIGH);
  M5.Beep.setVolume(1);
  // 画面
  M5.Lcd.setRotation(3);
  M5.Lcd.fillScreen(BLACK);
  M5.Lcd.setCursor(0, 0);
  M5.Lcd.println("M5StickC Tester");
  M5.Lcd.println(" GPIO26 LowBeep");
  M5.Lcd.println(" GPIO36 AnalogIn");
  // キュー作成
  xQueue = xQueueCreate(1, sizeof(int16_t));
  // Core1の優先度5でタスク起動
  xTaskCreateUniversal(
    task,            // タスク関数
    "task",          // タスク名(あまり意味はない)
    8192,            // スタックサイズ
    NULL,            // 引数
    5,               // 優先度(大きい方が高い)
    &taskHandle,     // タスクハンドル
    APP_CPU_NUM      // 実行するCPU(PRO_CPU_NUM or APP_CPU_NUM)
  );
  // 4つあるタイマーの1つめを利用
  // 1マイクロ秒ごとにカウント(どの周波数でも)
  // true:カウントアップ
  timer = timerBegin(0, getApbFrequency() / 1000000, true);
  // タイマー割り込み設定
  timerAttachInterrupt(timer, &onTimer, true);
  // マイクロ秒単位でタイマーセット
  timerAlarmWrite(timer, 20 * 1000, true);
  // タイマー開始
  timerAlarmEnable(timer);
}
void loop() {
  static bool beep = false;
  M5.update();
  if (!digitalRead(inputBeepPin).) {
    if (!beep) {
      beep = true;
      M5.Beep.tone(1000, 1000000);
```

```
        digitalWrite(M5_LED, LOW);
    }
  } else {
    if (beep) {
      beep = false;
      M5.Beep.mute();
      digitalWrite(M5_LED, HIGH);
    }
  }
  delay(1);
}
```

　「M5StickC」と「M5StickC Plus」の両対応なので、「M5Lite.h」というライブラリを使っています(下記サイト参照)。

M5Lite : M5StickC, M5StickC Plus, M5Stack, M5ATOM を単独ソースで開発する

https://lang-ship.com/blog/work/m5stackauto/

　そのため、標準環境とは違っています。

＊

図のような画面で、「導通確認」と「アナログ入力」ができます。

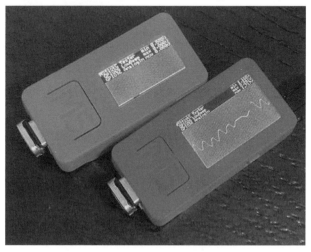

図3-2-1　「導通確認」「アナログ入力」が可能

「G26」は導通確認用で、プルアップしてある「G26」を「LOW」に落とすことで、「音」が鳴り、「LED」が光ります。

図3-2-2 「G26」が「LOW」になると、「光」と「音」で知らせる

こんな感じで使います。

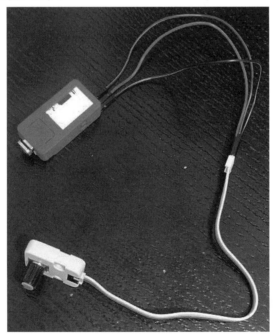

図3-2-3 使っている様子

「ポテンション・メータ」をつないでみました。

「アナログ入力」は「G36」の電圧を測定していて、画面上に「最小値」「最大値」「現在値」が表示されます。

ちょっとした「動作確認」に使うことが可能です。

■使ってみた

実は、昔購入した「フットスイッチ」があります。まったく動作確認せずに放置中でした。

図3-2-4　使用する「フットスイッチ」

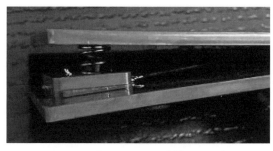

図3-2-5　「フットスイッチ」(横からの図)

横から見ると、「スイッチ」と「バネ」があるだけの簡単な作りです。
「フットスイッチ」は、ミシン用は安いのですが、見た目が悪いんですよね。

受け側(ソケット)も必要になるので、購入してあります。

図3-2-6 ソケット

*

さて、それでは「フットスイッチ」の動作確認をしていきます。

「ジャック」にテスタを接続して、「フットスイッチ」を踏んだら、"ピー"と鳴ったので導通しています。
「スイッチ」としては普通の動作ですね。

「ソケット」は3端子ありますが、右側に2つ並んでいる端子の上側と左側の端子が、スイッチを踏むと導通しました。
間違って「ステレオ用ソケット」を購入してしまいましたが、まあ大丈夫そうです。

3-3 「M5StickC」でiPhoneの「スクリーンキャプチャ・ボタン」を作る

筆者	たなかまさゆき
サイト名	「Lang-ship」
URL	https://lang-ship.com/blog/

「M5StickC」（ESP32）と「Bluetooth Keyboard」を使って、iPhoneのスクリーンキャプチャが簡単できるボタンを作ります。

＊

iPhoneのスクリーンショットはBluetoothキーボードで手軽にネ♪（スタパ齋藤のApple野郎）
https://k-tai.watch.impress.co.jp/docs/column/stapaapple/1322788.html

この記事を読んで、『おっ、これって「ESP32」だったら簡単に作れるよね』ってことで作ってみました。

■ベース

過去に「Bluetooth Keyboard」は作ったことがあったので、簡単です……と、最初は思っていました。

しかし、なんとなく知っていたのですが、最新版では、以前使っていた「ESP32-BLE-Keyboardライブラリ」がiOSでは使えなくなっていたのです。

現状（2021年5月時点）、「ESP32」のライブラリが「1.0.6」に更新されて、ちょっととBluetooth周りが不安定になっているようです。

ただし、次のバージョンアップで大幅にまた変わる予定なので、今回は使うのを断念。
もうちょっと経てば安定して動くバージョンが公開されるかもしれません。

今回はもう少し軽いBluetoothスタックである「NimBLE」を使ってみたいと思います。

NimBLE-Arduino
https://github.com/h2zero/NimBLE-Arduino

上記のライブラリを使うことで、標準の「Bluetooth スタック」よりも軽量な「NimBLE スタック」を利用できます。

＊

「NimBLE スタック」は、軽量なのですが、「Bluetooth Classic」などの古いバージョンが利用できず、「**Bluetooth Low Energy**」(BLE) と呼ばれるものしか使えません。

たとえば、「Bluetooth3.0」は「Bluetooth Classic」でないと接続できません。

とはいえ、最近のデバイスは4以降のはずなので、「BLE」でもあまり問題はないはずです。

＊

「NimBLE スタック」自体は軽量なのですが、「ESP32」の場合は標準Bluetooth スタックライブラリの実装が未完成なところがあるので動作が不安定です。

「Bluetooth Classic」と「BLE」の両対応なので複雑化しているところもあります。

一方、「NimBLE スタックライブラリ」は最近作られたものなので、比較的シンプルで安定しています。

＊

「NimBLE-Arduino ライブラリ」はライブラリマネージャからインストールできるので、利用開始が簡単です。

ESP32-BLE-Keyboard
https://github.com/T-vK/ESP32-BLE-Keyboard

以前「BLE キーボードライブラリ」に使ったのは上記でしたが、こちらは「ESP32」の標準Bluetooth スタックライブラリを使っているので、利用できません。

そこで今回は、「ESP32-BLE-Keyboard ライブラリ」を「NimBLE スタック」対応にした、「**ESP32-NimBLE-Keyboard ライブラリ**」を使ってみたいと思います。

ESP32-NimBLE-Keyboard
https://github.com/wakwak-koba/ESP32-NimBLE-Keyboard

あらかじめ「NimBLE-Arduino」を入れていれば、「ESP32-BLE-Keyboard
ライブラリ」とほぼ同じように利用できます。

■コード

コードは以下の通りです。

リスト 「スクリーンキャプチャ・ボタン」のプログラム

```
#include <M5StickC.h>
#include <BleKeyboard.h>

BleKeyboard bleKeyboard("M5StickC BLE ScreenShot");

// Battery update time
unsigned long nextVbatCheck = 0;

// get Battery Lebel
int getVlevel() {
  float vbat = M5.Axp.GetBatVoltage();
  int vlevel = ( vbat - 3.2 ) / 0.8 * 100;
  if ( vlevel < 0 ) {
    vlevel = 0;
  }
  if ( 100 < vlevel ) {
    vlevel = 100;
  }

  return vlevel;
}

void setup() {
  M5.begin();
  M5.Axp.ScreenBreath(9);
  setCpuFrequencyMhz(80);
  M5.Lcd.setRotation(3);
  M5.Lcd.fillScreen(BLACK);
  M5.Lcd.setTextSize(2);
  M5.Lcd.setCursor(0, 16);
  M5.Lcd.println("NimBLE");
  M5.Lcd.println("ScreenShot");
  M5.Lcd.println();
```

```
  M5.Lcd.println(" Press BtnA");

  bleKeyboard.setBatteryLevel(getVlevel());
  bleKeyboard.begin();
}

void loop() {
  // Button Update
  M5.update();

  if (bleKeyboard.isConnected()) {
    if ( M5.BtnA.wasPressed() ) {
      // ScreenShot(COMMAND + SHIFT + 3)
      bleKeyboard.press(KEY_LEFT_GUI);
      bleKeyboard.press(KEY_LEFT_SHIFT);
      bleKeyboard.press('3');
      delay(100);
      bleKeyboard.releaseAll();
    }
  }

  // Battery Lebel Update
  if (nextVbatCheck < millis()) {
    M5.Lcd.setCursor(112, 0);
    M5.Lcd.printf("%3d%%", getVlevel());

    nextVbatCheck = millis() + 60000;
  }

  // Wait
  delay(1);
}
```

上記のコードで動きます。

コード自体には、キーボードライブラリの変更による違いは一切ありません。

どちらのライブラリを使っても、まったく同じコードになります。

逆に、同じ名前のファイル名なので共存することができないでしょう。

```
// ScreenShot(COMMAND + SHIFT + 3)
bleKeyboard.press(KEY_LEFT_GUI);
bleKeyboard.press(KEY_LEFT_SHIFT);
bleKeyboard.press('3');
delay(100);
bleKeyboard.releaseAll();
```

キモは上記の部分です。

「COMMAND + SHIFT + 3」でスクリーンキャプチャなので、同時押しをしてやるだけになります。

これで「iPhone」や「iPad」に「Bluetooth」でペアリングして、「M5StickC」のボタンを押すと、「画面キャプチャ」がどんどん取得できます。

＊

誰得なデバイスですが、アプリ開発などでがんがん画面キャプチャをしたい場合には非常に便利だと思います。

使うことがあるかは微妙なところですが、たまには勢いで作ってみるのもいいのかな？

第**4**章

「M5StickC」が動かないとき
エムファイブ

たとえ新品のマイコンでも、使っていればトラブルの一つや二つは起こるもの。

なかでも「起動できない」「動かない」といったトラブルは、誰でも経験する部類のトラブルでしょう。

本章では、「M5StickC」が動かなくなった場合の対処法を紹介します。

4-1　「M5StickC」のトラブルシュート

筆者	たなかまさゆき
サイト名	「Lang-ship」
URL	https://lang-ship.com/blog/

現時点の情報です。

最新情報は「M5StickC非公式日本語リファレンス」を確認してみてください。

■「M5StickC」が動かないときに試すこと

「M5StickC」が動かないことは、たまにあります。

そこで、その調査方法と解決方法をまとめてみました。

4-2　電源編

「M5StickC」は、電源が入っているか非常に分かりにくいです。

液晶の初期化をしていない場合には、「バックライト」も光らないので、電源が入っていても気がつかない場合があります。

■確認方法

●電源を、ON/OFFする方法

「電源ボタン」は、M5の「ホームボタン」の左側面にあるボタンです。

図4-2-1　「電源ボタン」は「ホームボタン」の左側面

・電源ON　　　1秒以上ボタンを押す
・電源OFF　　　6秒以上ボタンを押す

　現状、どちらの状態か分からないので、「電源ボタン」を10秒ぐらい押して、確実に「OFF」にしてから、再度、3秒程度押して確実に「電源ON」になっていることを確認してください。

●電源状況の確認方法（3.3V出力確認）

　「M5StickC」は「電源ON」のときのみ、「3.3V出力」がされます。
　よって、「3.3V出力」がされていれば、電源が入っていることが確認できます。

＊

　あまり、お勧めはできない方法ですが、LEDを使って起動確認が可能です。

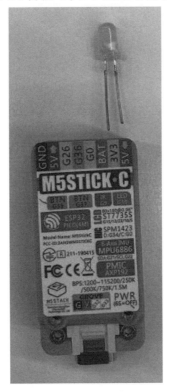

図4-2-2　LEDで起動を確認できる

LEDの足の長いほう（プラス）を「3V3」の端子に挿して、短いほう（マイナス）をその右の「5V IN」に挿し込みます（本当は「GND」に入れるのが正しい）。

画像ではちょっと分かりにくいですが、ほんのり光れば電源が入っています。

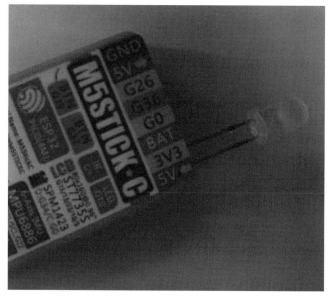

図4-2-3　LEDが光れば電源はONになっている

ちなみに、抵抗なしでLEDを使っているので、**LEDが壊れる可能性があり**ます。

5V出力に接続すると、確実に壊れるでしょう。

●電源状況の確認方法（パソコン接続）

パソコンに接続してみて、認識されれば電源が入っています。

電源OFFの状態でも、パソコンに接続することで自動起動します。

しかしながら、最後に入れたスケッチが自動的に「ディープ・スリープ」したり、起動直後に再起動を繰り返したりする場合には、うまく認識しない可能性があります。

■対策

●USBケーブルを他のものに変える(or反対に挿す)

　付属のUSBケーブル以外を利用している場合には、付属してきたUSBケーブルを使ってみてください。

　付属以外のUSBケーブルの場合、パソコンに認識されにくい傾向があります。

　手元の環境で試したところ、「Type-C」の充電器からは充電できませんでした。

　パソコンと「Type-C to Type-C」のケーブルで接続したところ、写真左側にある青いRTC表記(黒枠で囲んだ部分)があるバージョンでのみ接続ができました。
　それ以外の古いバージョンでは認識も充電もしませんでした。

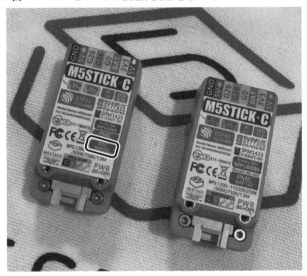

図4-2-4　「Type-C to Type-Cケーブル」での充電は左側のバージョンのみ可能

　「Type-C」しかないパソコンの場合には、「USB Hub」や「変換コネクタ」などを利用して、付属してきた「Type-A to Type-Cケーブル」を利用してみてください。

　「USB Hub」か、「他のデバイス」を先に認識させる必要があります。

＊

　また、「USB Type-C」なのでケーブルコネクタに方向はないはずですが、

180度回転させて挿してみてください。

　ケーブルにより接触不良があるようで、どちらか接続しにくい方向がある場合があります。

●充電してみる

　一度使えた状態で動かなくなった場合に、最初に試すのは、「充電」です。

　最後に利用してから時間がたった「M5StickC」は、バッテリが「放電」してしまって、起動しない場合があります

　その場合には、「1時間」程度、充電した状態で、再度起動を試してみてください。

●「BAT」と「GND」をショートさせてUSB接続

　「バッテリ過放電」時に、「保護回路」が働いて起動できなくなる場合があります。

　その場合には「BAT端子」と「GND端子」をショートさせて、USBケーブルでパソコンに接続すると、復活するとのことです。

　ただし、これは古い「M5StickC」のみで起こる問題であり、最近販売された製品ではすでに対応されているようです。

　ショートは「抵抗」なしでも保護回路があるので問題ありませんが、1kΩなど適度な抵抗を入れたほうが安全です。

　以下によると、ショートしてからUSBを接続するとすぐにリセットされるとのことでした。

https://twitter.com/ciniml/status/1202784530328780800

　また、手元の比較的新しい固定用の穴があるバージョンで画面がつかなくなる事象が発生したので動作確認したところ、「IMU」などは正常で、「AXP192」のみおかしくなっていました。

　この状態だと液晶に電源が供給されず、画面がつかないようです。

　「BAT端子」と「GND」をジャンパーワイヤで直結してからUSBをパソコンに接続すると、バックライトがつくのが確認できたので、直結しているジャンパーワイヤを外すと復活しました。

4-3 認識編

「M5StickC」はパソコンに接続しても、認識しないことがあります。

■確認方法

●M5Burner

下記サイトからダウンロードできる「M5Burner」が、確認にはお勧めです。

https://m5stack.com/pages/download

M5Stack社標準の「ファームウェア転送ソフト」であり、WindowsとMac、Linux用のアプリがあります。

Windowsで起動した直後の状況です。

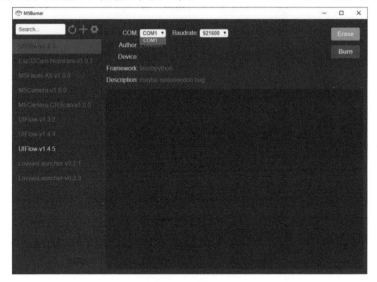

図4-3-1　M5Burner

「M5StickC」を接続していない状態で「COM」を選択してみてください。
図のパソコンでは標準で「COM1」がありました。

図4-3-2 「COM」を選択

　この状態で「**M5StickC**」を接続すると、「COM3」が増えました。

　このとき、「**M5StickC**」は電源が切れている状態でも、接続することで自動的に電源が入ります。

　このパソコンは「COM3」が増えましたが、環境によっては連番で追加されるので、他の番号で認識されることがあります。

　Windows以外では「COM」の名前は違いますが、動きは同じはずです。

● Windows デバイス・マネージャ

　Windowsの場合には「デバイス・マネージャ」を起動することで、内部的な状態を確認することもできます。

図4-3-3 「デバイス・マネージャ」からも確認可能

上記が「M5StickC」を接続していない状態です。
私のパソコンは「COM1」が標準でありました。

「M5StickC」を接続すると「COM3」が増えました。
このパソコンでは「COM3」が増えましたが、環境によっては連番で追加されるので他の番号で認識されることがあります。

図4-3-4 「M5StickC」を接続すると「COM3」が増える

ちなみに"「COM」の番号が書いていない"、または"「USB Serial Port」以外が増えた"場合には、認識がうまくいっていないので、対応が必要です。

■対策

●「USBドライバ」を入れてみる

　「Arduino IDE」を入れている環境であれば、通常標準ドライバが同時に入っているはずですが、下記のドライバを入れ直すことで認識するようになる場合があります。

Virtual COM Port Drivers（FTDI）
https://ftdichip.com/drivers/vcp-drivers/

　Windows環境の場合には「**setup executable**」を使うのが簡単でしょう。

●「USBケーブル」を変える

　特に「MacBook」などの、「Type-C」しかない環境の場合、本体に付属しているケーブル以外を利用していると思います。

　「M5StickC」は「5V IN」が青い最新バージョン以外は「Type-C to Type-Cケーブル」では認識しないようなので、できれば付属の「Type-A to Type-Cケーブル」を変換するなどして試してみてください。

＊

　この「M5Stack Intf」で認識されている場合が、典型的な**ケーブルの相性問題**です。

　「付属以外のケーブル」か、「延長ケーブル」や「USB HUB」「USB電圧電流チェッカー」などの、間に挟んだものによって信号が弱くなっている、などの場合があります。

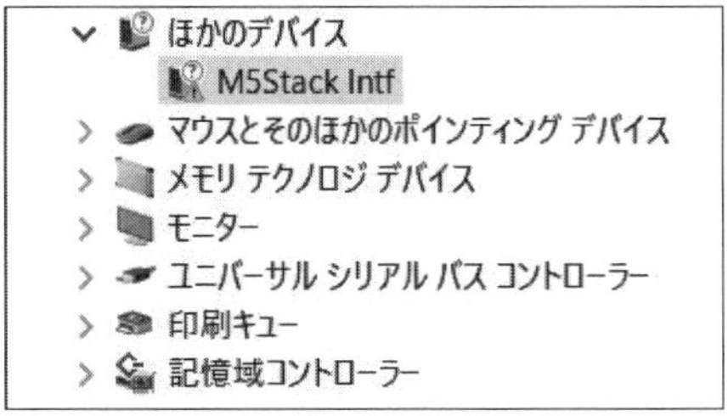

図4-3-5　「M5Stack Intf」で認識されている場合は、ケーブルとPCとの相性に問題あり

●「USBケーブル」の裏表を変える

「USB Type-C」なのでケーブルコネクタに方向はないはずですが、180度回転させて挿してみてください。

ケーブルによって接触不良があるようで、どちらか接続しにくい方向がある場合があります。

●他の場所に挿してみる

別のUSBポートにケーブルを挿し替えてみるのもいいと思います。

パソコンによっては本体直結のUSBポートと、内部でUSB HUBを経由しているポートなどが分かれている場合があります。

●「Windows」で試す

多くの場合「MacOS」で問題が出ています。

「UIFlow」などのように一度しか転送しないものであれば、Windowsなど他の環境で試したほうが簡単に利用できるはずです。

MacOSの場合にはType-Cポートしかない関係で、本体付属USBケーブルを使っていないケースと、シリアルドライバの関係で書き込みモードに入れない問題などがあります。

4-4 ファームウェア転送編

「M5StickC」では、「ファームウェア」を転送しようとするとタイムアウトしてしまい、転送できない場合があります。

■確認方法

●M5Burner

「Arduino IDE」などファームウェアを転送できるツールならばなんでもいいのですが、ボタンを押すと即転送できる「**M5Burner**」が確認しやすいです。

*

ツールの使い方ですが、左側から転送するプログラムを選択します。

図4-4-1 転送するプログラムを選択

図は「UIFlow-v1.4.5」を転送しようとしている様子です。
(1)「UIFlow」のいちばん新しいものにマウスカーソルを乗せると現われる「下矢印ボタン」を押すと、ファームウェアをパソコンにダウンロードして、「**M5StickC**」に転送できるようになります。

(2)右側の「COM」を、接続している「**M5StickC**」の「COM」に変更し、「Series」

で「StickC」を選んでから「Burn」を押します。

(3) すると、「Connecting」と出て、「…」がたくさん表示されています。

※私のパソコンの場合は、「COM3」が「M5StickC」のシリアルポートなので、画像のように「COM1 を選択しても転送はできません。

*

正常に書き込めると、次の図のようにどんどん表示が進んでいき、最後に「Hard resetting via RTS pin…」と表示されて、「M5StickC」がリセットされて「UIFlow」の画面が表示されます。

図4-4-2 最後まで進むと「UIFlow」の画面が出る

■対策

「ESP32」では、「ファームウェア」の転送をする場合には再起動してから、「GPIO0」を「GND」に落とすことで、「書き込みモード」に設定しています。

通常は自動的に「書き込みモード」に設定されるのですが、環境によっては「書き込みモード」に入らない場合があります。

●電源を入れ直す

「Connecting」と出て「…」がたくさん表示されているときに、「M5StickC」の電源ボタンを6秒以上押して「電源OFF」にしたあと、再度電源ボタンを1秒以上押して「電源ON」にします。

思ったより6秒は長いので、少し長めにボタンを押すのがコツです。
転送待ちのときに再起動をすると、かなりの確率で「書き込みモード」になり、転送が成功します。

●Windowsで試す

多くの場合、MacOSで問題が出ています。
「UIFlow」などのように一度しか転送しないものであれば、Windowsなど他の環境で試したほうが簡単に利用できるはずです。

MacOSの場合には、「Type-Cポート」しかない関係で、「本体付属のUSBケーブルを使っていないケース」や、「シリアルドライバの関係で書き込みモードに入れない問題」などがあります。

●「GO」と「GND」をショートさせる

起動時に「G0」が「GND」に落ちていると、「書き込みモード」として起動します。

接続した状態で「書き込み」を試すと成功するはずですが、「COM」が認識されているにもかかわらず転送が成功しない場合は、「●**電源を入れ直す**」で紹介したやり方で電源を入れ直しましょう。

> ※転送が完了したあとは、線を抜いて再起動しないと通常起動しないので注意してください。

図4-4-3 「GPIO0」と「GND」をショートさせる

●(MacOS)USBコントローラのファームウェアアップデート

MacOSの場合、USBコントローラのファームウェアを更新することで、書き込みができるようになるようです。

https://community.m5stack.com/topic/1591/m5stickc-and-atom-on-macos-platform-can-t-upload-programs-solustion

上記ページで対応ファームウェアが公開されています。

なお、上記ページのコマンドでは「+」と「x」の間にスペースが入っていますが、本来は以下に示すように、スペースは入らないはずです。

```
chmod +x ch552Updater_FW20200114_A2_BTV231
```

■「Arduino IDE」で書き込めない

「M5Burner」で書き込めるが「Arduino IDE」では書き込めない場合には、最新バージョンの「Arduino IDE」を利用してみてください。

Arduino公式サイト

https://www.arduino.cc/en/Main/Software

MacOSの場合には、特に書き込めないケースが目立ちます。

まずは最新版を入れてみて、ダメだった場合にはサイト右下にある「BETA BUILDS」のバージョンも試してみてください。

「MacOSバージョンアップの関係で、BETA版でないと動かない」などの報告が出ています。

4-5　　　液晶編

「起動やファームウェアの転送はできるが、画面がおかしい」という場合もあります。

■いちばん端のラインが表示されない

画面ギリギリにケースがあって、いちばん端っこのラインが表示されない「M5StickC」は多いと思います。

これは回避しようがないので、重要な情報はあまり外周に出さないようにしてください。

■画面(バックライト)がつかない

バックライトを管理している「AXP192」の保護回路が動いた場合、バックライトがつかなくなることがあるようです。

USBに接続した状態で「BAT端子」と「GND端子」をショートさせると、保護回路がリセットされるとのこと。

　ショートは「抵抗」なしでも保護回路があるので問題ありませんが、「1kΩ」など適度な「抵抗」を入れたほうが安全とのことです。

参考：
https://twitter.com/ciniml/status/1202784530328780800

■画面表示がおかしい、画面が表示されない

　画面が表示されなかったり、表示が荒れたりするなどの症状が出ている人がいるようです。

　確実に動くファームウェアを転送しても画面がおかしい場合には、ハードウェア起因のトラブルと思われます。

　「M5StickC」本体内部にある磁石が衝撃で外れて内部の別の場所に移動し、回線をショートさせていたり、内部の配線が断線しているパターンなどがあります。

　いずれにしても対応なかなかは難しいので、サポートに連絡して交換してもらうか、新しい本体を購入し直すかしかないでしょう。

4-6　パソコンのマウス暴走編

　「M5StickC」などをWindowsパソコンに接続すると、パソコンのマウスが暴走することがあります。

　まずは原因と思われる「M5StickC」などを取り外します。

　その後、「デバイス・マネージャ」を開き、表示メニューの中にある「非表示のデバイスの表示」でマウスの項目を確認します。

図4-6-1　「非表示のデバイスの表示」からマウスの項目を確認

上記のように「Microsoft Serial BallPoint」と「Microsoft Serial Mouse」がある場合には、「接続したデバイスのシリアル出力」が「マウス」として認識されてしまっています。

そのため、この2つのドライバをアンインストールすると暴走しなくなります。

接続したタイミングでシリアル出力されている文字などにより、「シリアル・マウス」と誤認識するようです。

なお、レジストリを編集することで、今後「シリアル・マウス」として認識しないようにすることは可能です。

4-7 特定機能が動かない（RTCなど）

パソコンに認識されていてスケッチの転送もできるにもかかわらず、プログラムが起動しない場合があります。

■初期化スケッチ

下記のように設定を初期化するスケッチを動かすことで、問題が解決する場合があります。

https://lang-ship.com/blog/work/m5stickc-resetter/

このスケッチで「Wi-Fi設定」と「RTC」の時間が進まない問題は解決するはずです。

■「M5Burner」でフラッシュ初期化

「M5Burner」で「COM」を選択してから、右上にある「Erase」ボタンを押すと、フラッシュの内容がすべて初期化されます。

図4-7-1 「Erase」を押すと、フラッシュをすべて初期化できる

フラッシュにおかしなデータが入っている場合には、「Erase」をすることで
復活する可能性があります。

「Erase」後に他のファームウェアやスケッチを転送し直して試してみてくだ
さい。

4-8 その他故障

■「ファクトリーテスト」で確認

各種スケッチで初期化を確認してもNGの場合、その部品が壊れている可能
性があります。

「AXP192」などが初期化できないケースが確認できていますが、ハードウェ
ア故障は対処できないとは思います。

■ボタン故障

ボタンの調子が悪い場合には物理故障の場合があります。
この場合には対応方法がないでしょう。

4-9　予防編

■使い終わったら上書き

　画面の初期化をしていないコードを動かしたままだったり、再起動を繰り返す状態で「M5StickC」を保存したりすると、起動したときに問題が起こりやすくなります。

　特にUSBキーボードやマウス動作をする状態で保存しておいてあとで接続すると、急にパソコンがおかしな動きをしているように見えるので初期化しましょう。

　上記のような「初期化スケッチ」か、販売時に入っている「ファクトリーテスト」、もしくは「UIFlow」などの、画面が出て確実に起動したことが分かるファームウェアに上書きしてから保管しておくことをお勧めします。

■定期的に起動(充電)する

　「M5StickC」には「内蔵RTC」があり、時刻を保存するために「電源OFF」の状態でもバッテリを消費します。
　そのため、たまに起動したり充電したりすると問題が起きにくくなります。

　実際、起動時のトラブルは、バッテリの「過放電」に起因する問題が非常に多いです。

■参考サイト

M5Stackの困ったときの対処や注意すること | ラズパイ好きの日記
raspberrypi.mongonta.com

　上記の参考サイトにもまとまっているので、参考にしてみてください。

索 引

索引

■筆者＆記事データ

筆者	東京バード
サイト名	「ぶらり@web 走り書き！」
URL	https://burariweb.info/

筆者	西住　流
サイト名	「西住工房」
URL	https://algorithm.joho.info/

筆者	MSR 合同会社
サイト名	「さとやまノート」
URL	https://sample.msr-r.net/

筆者	お父ちゃん
サイト名	「HomeMadeGarbage」
URL	https://homemadegarbage.com/

筆者	たなかまさゆき
サイト名	「Lang-ship」
URL	https://lang-ship.com/blog

本書の内容に関するご質問は、
① 返信用の切手を同封した手紙
② 往復はがき
③ FAX (03) 5269-6031
　　(返信先の FAX 番号を明記してください)
④ E-mail　editors@kohgakusha.co.jp
のいずれかで、工学社編集部あてにお願いします。
なお、電話によるお問い合わせはご遠慮ください。

サポートページは下記にあります。

[工学社サイト]
http://www.kohgakusha.co.jp/

I/O BOOKS

はじめての「M5StickC」

2021 年 7 月 30 日　初版発行　 © 2021

編　集	I/O 編集部
発行人	星　正明
発行所	株式会社 工学社

〒160-0004 東京都新宿区四谷 4-28-20 2F

電話	(03) 5269-2041 (代) [営業]
	(03) 5269-6041 (代) [編集]

※定価はカバーに表示してあります。

振替口座　00150-6-22510

印刷：シナノ印刷 (株)

ISBN978-4-7775-2144-9